ALIENS AND OTHER WORLDS 外星探访指南

一如既往地献给希尔

U0346525

图书在版编目（CIP）数据

外星探访指南 / (澳) 丽莎·哈维·史密斯著;
(澳) 特雷西·格里姆伍德绘; 刘小鸥译. -- 贵阳: 贵
州人民出版社, 2023.11
书名原文: Aliens and Other Worlds: True tales
from our solar system and beyond
ISBN 978-7-221-17867-1

Ⅰ.①外… Ⅱ.①丽…②特…③刘… Ⅲ.①地外生
命—儿童读物 Ⅳ.①Q693-49

中国国家版本馆CIP数据核字(2023)第165879号

Published by arrangement with Thames & Hudson Ltd, London
Aliens and Other Worlds © 2021 Thames & Hudson Australia
Text © 2021 Lisa Harvey-Smith
Illustrations © 2021 Tracie Grimwood
This edition first published in China in 2023 by United Sky (Beijing) New Media Co., Ltd,
Beijing
Simplified Chinese edition © 2023 United Sky (Beijing) New Media Co., Ltd
All rights reserved.

贵州省版权局著作权合同登记号 图字：22-2023-088号

WAIXING TANFANG ZHINAN
外星探访指南

[澳] 丽莎·哈维·史密斯/著
[澳] 特雷西·格里姆伍德/绘
刘小鸥/译

出 版 人	朱文迅
选题策划	联合天际
策划编辑	韩 优
责任编辑	张 晓
封面设计	孙晓彤
美术编辑	杨瑞霖
责任印制	赵路江

未小读
UnRead Kids
和世界一起长大

出 版	贵州出版集团　贵州人民出版社
地 址	贵州省贵阳市观山湖区会展东路 SOHO 公寓 A 座
发 行	未读（天津）文化传媒有限公司
印 刷	北京华联印刷有限公司
版 次	2023 年 11 月第 1 版
印 次	2023 年 11 月第 1 次印刷
开 本	787毫米 ×1092毫米　1/32
印 张	3.75
字 数	72千字
书 号	ISBN 978-7-221-17867-1
定 价	58.00 元

客服咨询

ALIENS
AND OTHER
WORLDS

外星探访指南

寻找外星人和他们的世界

[澳] **丽莎·哈维·史密斯** 著

[澳] 特雷西·格里姆伍德 绘

刘小鸥 译

贵州出版集团
贵州人民出版社

目　录

引 言

　　我小时候总觉得关于不明飞行物（UFO）和外星人的想法有点吓人。关于外太空生活，我唯一知道的事就是从电视节目里看来的。你懂的，就是那些节目，放着令人毛骨悚然的音乐，人们在晚上穿过幽暗的树林，被坐着飞碟的大眼睛、大块头的外星人追赶。现在我长大了，（谢天谢地）我知道了这些节目只是虚构的——地球之外的生命远不止我们在电视上看到的那些。

　　随着我对我们的宇宙有了更多了解，我换了个角度思考外星人的问题。作为一名科学家，我开始对行星、恒星和星系着迷。我读到了一些理论，它们是关于地球生命如何通过化学物质缓慢转变为生物诞生的。对科学的了解让宇宙中存在外星生命的可能性变得没那么可怕，反而更加迷人了。

　　科学家已经发现了我们太阳系之外的数千个星球。而科学已经让我们认识到了宇宙中的生命可能的样子。也许，随着进一步研究（再加上一点想象力），我们未来能知道外星人和它们的母星真正的样子。

　　你有没有在晚上蹑手蹑脚地走到卧室窗前，透过窗帘偷偷望向星空？

　　月亮弯弯，洒下它清冷的银色光芒。当你环顾四周，一两颗闪耀的星星会映入眼帘。你开始注意到几十朵微小的火花照亮了整个夜晚，行星反射太阳的光芒，散发出灿烂的白色或土红色的光。这就是从地球上，也就是从我们的家园看到的不可思议的宇宙景色。

超过 70 亿人，还有其他数以万亿计的生物都栖居在地球这颗行星上。我们挤在这块硕大无比的岩石上，分享着我们最宝贵的资源，也就是阳光、空气和水。我们以每秒 220 千米的速度在太空中移动，我们的星球和这里的所有乘客都围绕着太阳公转，而太阳又围绕着我们银河系的中心漫游。

地球是绕太阳公转的 8 颗行星之一。你能叫出那些行星的名字吗？

按照离太阳的距离从近到远的顺序，我们发现了水星、金星、地球、火星、木星、土星、天王星和海王星。这些行星，连同太阳，加入了我们星系中的另外数千亿颗恒星的队伍。我们把我们的星系称为银河系，它是数万亿星系中的一员，它们构成了宇宙万物。

作为天文学家（也就是研究星星的科学家），我们的目标是了解我们在宇宙中的位置，而我们中的一些人也在寻找地外生命的证据。但在浩瀚的太空中，我们从未在地球之外发现另一种活物。那里存在生命吗？又或者，我们在宇宙中是孤独的吗？现在，我们根本不知道。

科学家和工程师已经造出了火箭、卫星和太空探测器，在太阳系的各个角落搜寻生命。我们已经用巨大的望远镜研究了不计其数的恒星，许多望远镜正在太空中围绕地球运行。我们甚至有了在太空工作和生活的航天员团队，来测试生命能否在星系的其他地方生存。

随着我们对宇宙了解得更多，我们对在地球之外发现生命的可能性也产生了更多疑问。

我们会不会发现其他生机勃勃的行星？如果那里有生命，会是什么样的呢？会不会是在遥远行星的天空中翱翔的怪鸟，或者是生长在遥远星球的奇特植物？外星人怎么吃东西？外星人踢足球吗？外星人能长生不老吗？外星人养宠物吗？

这些都是有关宇宙中生命的一些令人好奇的问题，也是让人"脑洞大开"的宇宙奥秘。让我们穿上航天服，踏上这场星际之旅（也就是穿越星星的旅程），去拜访那些惊人的外星球，也许终有一天，我们会在那里遇到我们的邻居！

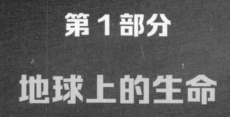

第1部分

地球上的生命

地球上的生命是如何开始的?

人类是一种好奇的生物。我们一直想知道,生命从何而来,这一切又是如何开始的。这就是为什么我们会问,先有鸡还是先有蛋。虽然我们还不知道所有的答案,但科学可以帮我们弄清这颗古怪且古老的太空岩石球是如何成为如今这样的生命天堂的。

我们的星球在 45 亿年前形成。无数尘埃、气体和岩石在引力的作用下被塑造成了地球。与此同时,太阳,还有金星、木星和火星等行星,也在构成我们太阳系的气体和碎石的星云中成长。

当地球还很年轻时,这里没有海洋,也没有大气。渐渐地,引力将松散的岩石和尘埃揉成一团,成了一颗牢固的球。被拉到一起的岩石的压强挤压着地球,造成摩擦,让地球由里到外变暖了。铀、钾和钍等放射性物质的衰变进一步加热了地球。陨石(也就是来自太空的岩石)雨点般砸到地球上,撞击地球表面,让温度进一步升高。在这些极端条件下,年轻的地球熔化了,形成了厚重而黏稠的岩浆。

铁和镍这样的重金属沉到了地球中心,形成了一个致密的核。围绕着核的黏糊糊的一层被称为地幔,它成了一层熔化的岩石,现在仍然冒着泡翻滚着,就像一锅沸水。较轻的物质漂向顶部。渐渐地,地球表面冷却了下来,形成一层坚实的地壳,它在海洋之下厚达 10 千米,在陆地上则厚达 50 千米。

我们如何知道地球在我们存在之前是什么样子

的？科学家通过一些巧妙的侦察工作，已经弄清楚了。

地球的秘密就隐藏在澳大利亚西部的杰克峰，科学家在那里发现了全世界最古老的岩石。这些有44亿年历史的岩石是一座史前火山的杰作，这座火山将炽热的熔岩喷向了地球全新的海洋中。困在岩石中的气体告诉了我们很多有关地球历史的信息。

我们通过研究世界各地古老的岩石了解到，火山喷发在过去相当普遍。熔岩像热巧克力酱一样从地下渗出，当它冷却了，就会变成固体，形成陆地。困在地下的恶臭气体也钻了出来，形成了早期的大气（但那里面还没有我们呼吸的氧气）。蒸气逸出，冷却后形成液体，让我们的星球变成了一个水世界。更多的水以冰的形式出现在彗星和小行星上，这些彗星和小行星撞向我们的星球，水慢慢形成了我们的海洋。

大约40亿年前，神奇的事情发生了。最早的生命形式出现了。

所有生物都有一些共同点，无论是一种微生物（一种有生命的微小东西，比如细菌或病菌，没有显微镜就看不到它们），还是一朵蘑菇、一头豪猪，或是一个人，都由相同的化学元素构成。它们包括硫、磷、氧、氮、碳和氢。如果回溯得足够远，我们也都有一个共同的祖先。它很可能是在地球海洋形成几百万年后，从一个热气腾腾的热水池中出现的小家伙。

最早的生物可能是火山气体从地球深处逸出并与水混合时产生的。这个过程可能发生在陆地上的火山泉中，或是在海洋深处热火山气体的喷口附近。无论哪种情况，水和气体很可能发生了反应，像一项大型化学实验，生成了有机化合物——氨基酸。这些化合物像火车车厢一样逐渐结合在一起，创造出第一批微小的化学机器。一旦这些化学物质能够创造出它们自身的新副本，地球上的生命就真正拉开了序幕。

但我们是如何从一些岩石中了解到这一切的呢？是这样的，一些岩石包含着生活在数十亿年前的古老微生物的留存遗迹（也就是化石），这些微生物的印记永远留在了岩石里。我们称这些微生物化石为"叠层石"。它们今天或许出现在陆地上，但最初可能是在海底或者海滨。

我们知道这些化石中的微生物曾经在哪里生活，因为我们发现如今在澳大利亚西部的鲨鱼湾水域生活着同类型的微生物。叠层石是有序地分布在海底的黏糊糊的微生物席，其中包含成千上万的微生物。这些微生物席随着时间的推移一层一层堆积起来，在浅水域形成了小丘。

发现地球上已知最古老的生命化石，相当不可思议。研究它们有助于我们想象生物是如何从非生物（水和气体）中生长出来的——这个过程看上去好似魔法，却可以被科学解释。

关于地球上生命的起源以及宇宙中的生命，仍有许多事情有待发现。首先，我们比黏糊糊的微生物席或者单细胞生命要复杂一些。那么，接下来发生了什么？

为什么有 140 000 种蘑菇？

　　我们这颗行星上的生命如今由一万多亿种不同的生物组成。地球生机勃勃，陆地上，天空中，甚至在海洋和地壳深处，生物无处不在。地球提供了一种丰饶的环境，这里有许多食物，还有来自太阳的温暖能量。它是你、我，还有所有生物的理想场所。

　　生命可能已经在地球上存在了约 40 亿年，但并不是一直像今天这般丰富多彩的。

　　起初，这里没有鸟，没有植物，也没有鱼。只有很小很小的微型生物，每一个都只有单个细胞。

　　细胞是构成生命的小构件。每个细胞都有一本特殊的说明书，叫作 DNA（如果你想知道，这三个字母代表脱氧核糖核酸），它指示了细胞应该是什么样子的，以及它们要如何行事。一些生物，比如细菌，只由一个细胞组成。但大型生物，比如树木或动物，每一个都可能包含数十亿个细胞。

　　因为每个细胞都有一份设计模板，所以我们的细胞可以自我再造。这就是为什么如果你的膝盖被擦伤了，还能愈合长出新皮肤，让你焕然一新。你的头发也一样，它被剪掉后还会重新长出来！

　　DNA 还讲述了宝宝会长什么样。举个例子，一只小乌鸦在蛋里成长时，会发育出翅膀、羽毛、眼睛还有脚，因为它的父母把自己的基因设计传了下去。生物有自我复制能力这一点至关重要，否则我们的身体（还有我们这个物种）就不可能生存这么久。

有的时候，当一个细胞自我复制时，DNA 会发生一点变化。我们称之为基因突变。DNA 变了，下一代细胞就会和上一代略有不同。数百万年来，这些随机基因突变累积起来，就有了明显的变化。这是进化论的基础。正是有了进化，才有了如今如此令人眼花缭乱的各种植物、动物和微生物，包括 140 000 多种蘑菇，还有 34 000 种鱼！

虽然有些物种随着地球上条件的变化而蓬勃发展，但是也有些物种完全消失了，成了科学家口中的"灭绝物种"。

在这方面一个鼎鼎有名的例子是渡渡鸟。这种不会飞的鸟原本在毛里求斯随处可见，那里是印度洋上马达加斯加附近的一座小岛。当 16 世纪欧洲人抵达那里时，他们送去了饥肠辘辘的水手，还有猴子、猪和老鼠。结果便是不会飞的渡渡鸟突然发觉自己成了猎物，它们没法飞走，也无法保护自己。到了 1690 年前后，渡渡鸟灭绝了。

像渡渡鸟一样，还有其他无数物种也灭绝了。放在过去，这可能是食物竞争或者地球气候变化（比如一段冰期）造成的。而在较近的时代里，造成许多物种灭绝的罪魁祸首是人类的活动。当我们砍伐森林、改道河流或者污染大气和水道时，其他生物只能挣扎求生。

当环境突然变化时，灭绝也可能发生。大约 6600 万年前就曾发生过这样一件事，当时，一颗直径约 10 千米大小的小行星从外太空毫无征兆地冲向地球。它以惊人的能量撞击了地面，在墨西哥湾留下了一个巨大的陨击坑，溅起了一层尘埃散播到整个地球。这些尘埃遮云蔽日，让空气变得无法呼吸，直到至少一年后才沉淀下来，形成薄薄的一层，我们今天仍然可以在岩石样本中找到它。

科学家在检验岩石内这层薄薄的尘埃时发现，它含有一种被称为铱的化学物质。这种化学物质在地球上相当罕见，却普遍存在于小行星中。地质学家（也就是专门研究岩石的科学家）的这项勘探工作解释了我们如何得知是小行星，而不是其他什么东西，带来了这场毁灭性的全球灾难。

根据化石的记录，小行星撞击导致当时地球上约四分之三的生物丧生。多种植物、昆虫、鱼、爬行动物还有陆地上的所有恐龙都消失了。有趣的是，真菌活得很好，因为它们适应了利用所有死亡和腐烂的树叶以及植物的能量活下去。

下次你再看到一朵蘑菇，别忘了它坚韧的祖先是如何想方设法活得比恐龙还久的！

嗜极微生物

顾名思义，嗜极微生物都在你能想象到的最不可能存活的地方茁壮生长。

你有没有体验过热得喘不过气，或者冷得刺骨的天气？过去，澳大利亚的温度曾飙升到50℃！但我体验过的最高温度是48℃，在那种日子里，我只会待在室内，在风扇前想要凉快下来。我体验过的最冷的温度是英国伦敦相当阴冷的－15℃。即使我裹紧了大衣，戴着帽子和围巾"全副武装"，我的脸还是被冻僵了，冰冷的空气钻进我的肺里，连呼吸都痛。

极热和极冷的天气都让我们倍感不适。这是因为我们的身体在化学上进行了微调，以适应一个特定的温度范围。我们的体温通常在36.5℃到37.4℃之间，这是维持我们生命的最理想温度。太热就会出汗，汗水聚集在皮肤上并蒸发，会带走多余的热量。太冷则会发抖，体毛也都立了起来，努力给我们保温，试图把身体带回喜欢的理想温度点。

不仅是温度，我们的整体环境都很重要。人类经过数百万年的进化，生活在陆地上，呼吸空气中的氧气，喝下来自河流和湖泊中的洁净淡水。我们需要晒着温暖的阳光，用新鲜食物填饱肚子才能茁壮成长，而不是在加利福尼亚死亡谷[1]的沙漠热浪中被烤焦，或

1　在夏季，这里被认为是全球最热的地方之一。——脚注均为译者注

者在南极冰天雪地的黑暗中打寒战。为了适应不同环境，人类要借助自己的聪明和机灵才能活下来。

一些人已经研究出了在极端环境中长期生存的巧妙方法。加拿大北部、俄罗斯以及北极地区的当地人，都生活在温度可能骤降至 – 50℃的地方。他们吃下富含能量的食物，制作保暖的衣服，并利用周围环境建造栖身之所而活了下来。生活在高山之巅的人已经适应了他们非同寻常的环境，就像喜马拉雅山区的夏尔巴人。他们的身体能更有效地利用氧气来产生能量，这让他们可以在空气非常稀薄、氧气不足的珠穆朗玛峰脚下生活。

技术也有助于人们在恶劣的条件下生存。阿蒙森 – 斯科特南极站是位于地球最南端的一处科研设施，来自世界各地的人们在这里生活。他们在这里研究地球的历史、天气和恒星，这一切都发生在一个平均温度只有 – 49.5℃的地方。每当冬季来临，南极就陷入黑暗。想象一下，这里一年有 6 个月的时间会被黑暗完全笼罩！这就是南极。隔热建筑、电暖气和（用于模拟阳光的）紫外线灯，让这里的小型科学团队得以生存。

但还有一些环境，人类在没有帮助的情况下永远不可能在那里长期生存。水下首当其冲！想想海豚是如何在水下生存的，太不可思议了。鱼类呼吸的氧气来自水中的微小气泡，而与鱼类不同，海豚属于哺乳动物，它们和我们一样呼吸空气。它们经常浮出水面，通过头顶的吹气孔（像鼻孔一样）大口地呼吸空气。这些气孔在水下可以被封住，所以海豚憋气的时间要比我们长得多。我们的身体还没有适应在水下长时间生存。

　　但许多嗜极微生物都适应了。事实上，它们就喜欢生活在那些其他生物都无法生活的地方！尤其是细菌，它们很擅长适应极端环境。

　　在海洋深处，科学家发现了生活在沸腾滚烫的火山热液中的细菌。在南极洲，细菌可以在差不多千米厚的冰层之下的湖泊深处生存。一些细菌类型已经进化出了特殊的化学物质，不让自身细胞被冻住，这样一来，它们就可以在这种超低的温度下生活。

　　还有一些生物通过与其他生物建立友谊来适应极危环境。你有没有见过长在岩石上的一种扁平的、灰绿相间的生物，或者毛茸茸的白色东西？它被称为地衣。它是真菌与藻类或细菌共同生长在一起形成的，这种共生关系让每个物种都能在原本不可能生存的环境中欣欣向荣地生长。甚至在南极洲的岩石上也发现了地衣，那可是地球上最冷，也最干燥的地方。

　　微生物还可以在酸性或者（与酸性相反的）碱性的湖泊中生存，这种湖水会灼伤人的皮肤。它们甚至能在太平洋的马里亚纳海沟中繁衍，海沟的最低点有11千米深。那里的压强相当高，只需一秒就能压垮一辆汽车。它深到阳光都无法照射到底部。令人惊讶的是，不仅细菌能在这里生存，还有一些鱼类和虾类也可以！

　　生命竟然在这种匪夷所思的环境中扎根生长，这不令人目瞪口呆吗？这也让我开始好奇，宇宙中还有什么地方可能出现生命……

地球生命的未来

你能想象地球上有会飞的恐龙和在太空中行驶的汽车吗？好吧，这实际上说的就是今天的世界！

等等，太空中可没有汽车，不是吗？

有！你可能听说过美国太空探索技术公司（SpaceX），这家公司向国际空间站运送人员和物资。2019年，它把一辆汽车发射进了绕太阳运行的轨道，作为一种宣传炒作手段。这辆汽车和它的"司机"，也就是一个穿着航天服的人体模型，如今正在太空中兜风，已经完成了近2圈的绕日轨道飞行。

好吧，也就是说，太空中的确有一辆飞行汽车。但压根儿没有会飞的恐龙这回事，是吗？

你可能不会相信，但在德国和中国发现的化石表明，满身羽毛、长着翅膀的小型恐龙在1.5亿年前就存在了。它们是从那些被称为兽脚类恐龙的大型两足恐龙进化而来的，所谓的兽脚类恐龙包括霸王龙和伶盗龙。起初，这些小恐龙用它们的翅膀疾行，或者在面对捕食者时从树上滑翔到安全地带。

大约在1亿到6600万年前，这些长着羽毛的恐龙已经进化成了各种各样的类鸟恐龙。当地球被我们之前说过的小行星撞击时，其中许多物种（包括那些生活在树上的）都被消灭了。但有些物种（那些生活在地面上的）却神奇地幸存了下来，它们是如今生活在地球上的所有鸟类的远祖。自那时起，地球上出现了一万多种鸟类，从袖珍的鹪鹩到强大的鹰应有尽有。

它们中无论是哪种都可以把霸王龙算作一位远亲。

如果地球有一段如此激动人心的过去，那我们在未来又能看见什么？

自从地球的地壳凝固以来，大陆一直在移动。地球的外层由许多独立的碎片组成，它们被称为构造板块，漂浮在熔融岩石层之上。随着板块移动，海洋和陆地不断变迁，火山喷涌，深海海沟形成，地震隆隆作响，碰撞的板块挤压形成了高耸的山峰或岛屿。

直至今日，构造板块仍在移动，澳大利亚每年向北移动多达 7 厘米。据推测，一亿年之后，澳大利亚将与印度尼西亚及东南亚擦肩而过，和中国南部相撞。中美洲可能会脱离南美洲，而非洲则会一头撞向南欧，形成巨大的山脉。

这些变化对生活在地球上的动植物意味着什么？

我们已经看到了生命有多么强的适应性，也看到了它们在地球历史中的变化。从微型的单细胞生物，到植物和恐龙，再到今天的生命，令人惊奇的东西已经进化出来了，比如心脏、肺、花、眼睛和翅膀。

如果恐龙都进化出了飞行能力，那么在几百万年后的未来，地球上的生物又会出现什么惊人的技能？我们会不会看到一头浑身长满羽毛的熊掌握了读心术，或者一只拥有 X 射线双眼的袋熊？未来的人类有可能进化出飞行能力吗？

一亿年后，几乎可以肯定人类已经不复存在了，至少不会以我们当下的形式存在。毕竟智人（现代人的学名）作为一个物种仅仅存在了约 25 万年。

随着时间的推移，人类变得更小，毛发也更少了，我们的牙齿和下巴也变得没那么突出了。你可能会惊讶地发现，我们的大脑也在缩水！它们现在就是10万年以来最小的。随着我们从可能的非洲起源之地迁移到了世界的各个角落，我们的皮肤、眼睛和毛发都变了。地球环境沧海桑田，我们可能还会进一步进化，不断适应新的环境。

而且我们得很快做到这一点。在过去的200年间，人们燃烧了大量化石燃料（也就是石油、天然气和煤炭）。它们之所以被称为"化石燃料"，是因为它们是来自动植物残骸分解沉淀形成的富含碳的泥浆。这种泥浆随着时间的推移被压缩成了煤炭，或者被地球岩浆加热，形成石油和天然气。正是这种化石材料的燃烧，把大量二氧化碳释放进了大气。地球正在迅速变暖，导致极地冰盖融化和海平面上升。全球变暖正在带来更严重的干旱、洪水和丛林大火。

到时地球上的一些地方可能热到无法居住。许多沿海地区将被永远地淹没，再也没法生活了。内陆地区则可能变得干旱，无法种植作物。我们或许需要重新整合食物和水资源，因为数以百万计的人正跨越大洲和国界迁徙，试图躲避这些变化。

人类可能会长出更小的肌肉和更长的四肢，找到保持凉爽的新方法。你能想象未来的人长着更大的耳朵、硕大的手，或者悬垂的皮肤来帮助他们散热吗？

我们何其幸运，拥有这颗行星，并和如此多姿多彩、令人兴奋的生命共享这颗星球。其他星系中的行星会不会也有类似的运气？我多希望有生之年能找到答案！

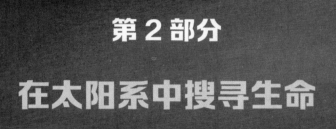

第 2 部分

在太阳系中搜寻生命

向往月球生活

今晚，如果你仰望夜空，很有可能会看到月球。它又大又亮，是离地球最近的天体。

月球是地球唯一的天然卫星。这对搭档每年都会围绕太阳优雅地运行一圈。月球则每月绕着地球旋转，就像鲸的幼崽紧紧跟在母亲身后一样。

月球很可能曾经是地球的一部分，直到大约45亿年前，一颗叫作忒伊亚的古老星体和地球撞了个满怀。一团巨大的岩石和尘埃被喷进太空，接着被引力拉到一起。它渐渐稳定下来，形成了我们所知的月球。

那么，如果月球曾是地球的一部分，它俩是不是双胞胎呢？奇怪的是，月球是一个和地球截然不同的地方。

首先，月球完全没有大气。那里的引力比地球弱得多，所以较轻的气体，比如氢和氦，很快就逃逸进了太空。和地球不同，月球有一个非常弱的磁场。这是因为月球缺乏一个由熔化的铁构成的巨大的核，而在地球和其他行星上，铁核搅动时会产生磁场。这个磁场保护了我们赖以为生的大气不会被不断袭击太阳系的强大射线慢慢剥除。

因为月球没有大气，也就没有保温的"毯子"来让月球表面保持温暖。因此，月球的温度很极端（从黑暗中的 - 170℃到阳光下的120℃）。那里一片荒芜，没有生命，也就是说，它完全不像地球。

并不是说我们没有在月球上搜寻过生命。多年来，人们一直痴迷于寻找这种可能性。

19世纪，一位德国天文学家声称在月球表面发现了一座城市。而他真正看到的其实是一处巨大的陨击坑底部的一道道裂缝。他太想相信这些裂缝是外星文明建起的墙了，于是便杜撰了异想天开的故事。当拥有更大的望远镜和更严格的科学方法的天文学家登场时，真相才被揭开。科学的关键准则之一就是让证据说话——你相信什么，并不意味着它可以不经检验就成为真相。

望远镜很棒，但宇宙飞船是迄今为止探索另一个星球的最佳方式。1968年，第一批地球居民乘着宇宙飞船接近了月球。你知道是谁吗？

"是尼尔·阿姆斯特朗和巴兹·奥尔德林吗？"我听到你这么问了。

其实不是。

最早绕行月球的地球生物是两只乌龟。这些无畏的探险家搭乘苏联探测器5号飞行。它们绕到月球背面转了一圈，在完成为时一周的探索之后安全返回了地球。虽然它们没有登上月球表面，但它们的到访是对月球进行（非常非常非常缓慢的）探索以及搜寻生命的过程中的一次巨大飞跃。

同时，美国国家航空航天局（NASA）也通过阿波罗太空计划"追星"。在这些勇敢的乌龟离开地球探索我们的太阳系差不多一年之后，两名人类航天员乘坐阿波罗11号的登月舱在月球上成功着陆，阿姆斯特朗和奥尔德林真的被传送到了另一个星球。

但阿姆斯特朗和奥尔德林并没有在静海（他们在

月球上着陆的地方）里游泳。月球的"海"指的是数十亿年前火山喷发后留下的干燥且贫瘠的火山熔岩流的遗迹。在月球上发现的仅存的水是位于两极的混合在月壤中的少量冰。

　　人类对月球的探索是搜寻地外生命的重要一步。超过38千克的月岩被阿波罗11号带回了地球。科学家仔细研究了这些岩石，寻找微小生命的证据，比如细菌、化石，还有基本的有机化学物质（生命的基本构件）。遗憾的是，他们没有发现任何关于这些东西的证据。

　　因此，我们相当确信，月球上不存在外星生命，而且可能从来都没有过。我觉得太遗憾了。想象一下，要是我们可以和我们的宇宙表亲一起度个假，该多么有趣！

火星上有生命吗?

在我 12 岁时，有一天晚上，我和爸爸在晚饭后到花园里看星星。在蓝白相间的闪烁的光点之中，我们注意到了一颗看上去很奇怪的橙色星星，它又小又圆，就像一颗纽扣。它就是火星。

我的思绪被带到了别处，我意识到，生活远不止我的家和我的亲朋好友。在夜空之中，我可以探索整个宇宙，而其中充满了奥秘和奇迹。

我开始想象自己是一名被派往火星的航天员，那里有一个全新的星球有待探索。我会不会冒险登上奥林匹斯山，也就是那座高度差不多是珠穆朗玛峰 3 倍的壮丽高峰？我会不会穿着航天服在火星表面跳来跳去，在平原、洞穴和陨击坑搜寻火星小狗或者外星植物？我会不会在火星上发现生命？

数百年来，天文学家对这个问题一直很好奇。当人们注意到火星表面存在一些奇怪的暗斑时，一些科学家认为，它们可能是这颗行星表面的植物或森林。其他人则想象着它们可能是海洋、湖泊和沼泽！通过望远镜观察火星，畅想着火星是一个生机勃勃、水草丰茂的地方，绝对非常令人兴奋。

当我们开始发射无人航天器（飞船上没有人），获得了更好的视角时，我们对这颗红色行星也有了越来越多的了解。当我们设法让航天器降落在火星表面，研究那里的土壤、岩石和大气时，我们的认识得到了进一步拓展。希望终有一天，人们也能飞去那里。

最早成功访问火星的航天器是美国国家航空航天局的水手 4 号，它于 1965 年 7 月飞掠火星，拍下了这颗行星的第一张特写照片。科学家从这些照片中发现，暗斑其实是岩石区域，巨大的沙尘暴把表面土壤都吹走了，岩石由此露了出来。

1976 年，美国国家航空航天局的海盗 1 号和海盗 2 号分别在火星的不同地方着陆。它们用照相机和传感器捕捉到了火星表面的样子，并研究了火星的大气和土壤。它们发现，这颗行星的空气非常稀薄，也很干燥，其中 95% 是二氧化碳，只有微量的水。这一发现让科学家怀疑，生命能否在这样一颗干燥的行星上生存。

但希望很快再次出现。此后围绕火星运行的航天器带来的图像显示，这颗行星上有雄伟的山脉、干涸的古老河流、干涸的湖床，甚至还有一处大峡谷。这些特征让科学家开始琢磨火星过去有没有液态水。由于缺乏磁场的保护，也许火星大气中的水在数十亿年的时间长河中被太阳的辐射剥离了？

多亏了欧洲航天局的火星快车号探测器，我们之后又进一步了解了火星表面之下的情况。火星快车号的雷达探测到了一片巨大的冰冻的湖泊，厚达 100 米，它就隐藏在火星表面的下方！科学家认为，这些冰在数百万年前以雪的形式落下，当时，火星的轴比现在的倾斜角度更大（意味着冬天的阳光更少），季节也更极端。畅想一下在火星上堆雪人的样子！

地下冰的发现改变了一切。也许火星上可能存在液态水，也许有些区域可能存在（无论是什么样的）

生命！

当科学家发现火星的一个火山口在某个温暖的时期被咸水冲刷出的地质痕迹时，他们都激动不已。

但问题也不断涌现。火星上有没有尚未被发现的季节性河流或湖泊？微生物（微小的生命形式）在过去有没有存在过，或者现在依旧在这些地区生活着？

火星车正被用来搜寻这些问题的答案。这些自动驾驶的电动车已经察看了火星上的几小片地方，但到目前为止，还没有发现微生物存在的证据（无论是死是活）。未来的探索将着眼于这颗行星上的新区域，尤其是那些历史上可能有水的地方。也许这些搜索将带来我们苦苦追寻的答案？

美国国家航空航天局的毅力号火星车[1]将调查一片干涸的湖泊和之前是小溪、三角洲和海滨的地方，测试土壤中古老生命的迹象。它还将尝试使用一架被命名为灵巧号的火星无人直升机，这可能让未来的太空探索有能力探索行星上比之前更大的范围。

再也没有比研究火星的历史更令人兴奋的探索了。

火星上有生命吗？或者，这颗行星曾经存在过生命吗？

我们可能就快找到答案了！

1　毅力号火星探测器已于 2020 年 7 月 30 日发射升空，并于 2021 年 2 月 19 日降落在火星耶泽罗陨击坑。中国火星探测器天问一号也在同期于 2020 年 7 月 23 日发射升空，它携带的祝融号火星车于 2021 年 5 月 15 日在火星乌托邦平原着陆。

搜寻行星上的生命

如果月球干燥无比，没有生命，而火星上的古老湖泊和河流仍有待探索，那么，在附近的其他行星上可能存在生命吗？让我们穿上航天服，去太阳系兜兜风吧！

水星是离太阳最近的行星。它很小（你可以在地球里装下 18 颗水星），那里有个非常弱的磁场。这让来自太阳的辐射烧掉了它的大部分大气。

由于水星的自转速度慢，公转却很快，所以它也有很长很长很长很长很长的日长。连续近 88 个地球日的日照会让这里白天的温度飙升到 430℃！到了晚上，当太阳终于落下时，温度就骤降至 − 180℃。幸运的是，在这次旅行中我们带了太空毯。

许多年来，科学家认为在温度如此极端的星球上不可能存在生命。但在最近的探索中，比如美国国家航空航天局的信使号水星探测飞船对水星进行了更仔细的观察，它们在水星两极附近的陨击坑中发现了大面积冰冻的水，这些地方从未受到阳光的直接照射。

随着冰和气体（包括氢、氦、氧、钠和钾）从水星表面之下喷涌而出，科学家现在正在思考，适合生命存在的化学组合如今是否在水星上存在，或者在过去有没有存在过。这似乎不太可能，但古老的微生物化石会不会就藏在水星表面附近，等待着被发现呢？

由于我们从来没有着陆在水星表面上，也没有对水星的冰质陨击坑或者土壤采过样，所以关于这颗行星上的许多东西仍有待探索！

好了，让我们启动助推器，继续向金星进发。

还记得嗜极微生物吗？要在金星上生存，就必须很极端。尽管金星在许多方面和地球非常相似，但金星的大气却因为失控的温室效应而"放飞自我"，把这颗行星加热到了471℃。那可是足以熔化铅的高温！再加上巨大的大气压（几乎是地球上压强的100倍），在这颗行星的表面发现生命的可能性几乎为零。

那么金星的大气呢？它很厚，充满了二氧化碳、硫酸，还有氯这样的有毒气体。大家快戴上防毒面具吧！一些理论认为，被称为嗜热嗜酸菌的嗜极微生物，有可能生活在金星的大气中。

这些顽强的微生物一般出现在地球上的酸性湖泊中，还有火山气体从地壳裂缝中渗出的地方。这些微生物中有一些可以在仅有极少氧气的情况下生存。

虽然我们没有直接证据表明金星的大气中存在嗜极微生物，但目前在金星轨道上绕行的日本拂晓号探测器最近在金星的大气中发现了奇怪的暗色物质，它们吸收着太阳的紫外线辐射。我们不知道它们是什么，但有人猜测，这可能是飘浮在高空的大型细菌群，就像在金星黄色天空中翱翔的小鸟。2020年，科学家在金星的大气中发现了一种罕见的化学物质，叫作"磷化氢"[1]。在地球上，这种化学物质是由细菌和深海的虫子等东西制造出来的。

1　又名膦。一些科学家认为，这种物质可以看作生命存在的潜在标志。但这项研究也存在争议。

细菌能在云上生存吗？这并不是多么古怪的想法。2018 年，一个日本科学家团队用一架飞机和一些科学气球，找到了飘在地球表面 12 千米之上的奇异球菌属的细菌。这些细菌能承受大量紫外线辐射，这在阳光如此充足的地方相当有用！

因此，在金星大气中发现微生物的可能性绝对值得一查。工程师正拟订一套太空飞机的计划，这架飞机可以在金星的大气中飘浮长达一年，收集有关风速、压强、化学性质，甚至云层之上是否有生命存在的数据。金星，我们很快就会再见面的。

现在，让我们参观一下两颗"气态巨行星"——木星和土星。由于没有固体表面，木星和土星上自然没有动植物这样的生命。但会飞的微生物呢？可能也没有。构成地球上生物体的基本成分（硫、磷、氧、氮、碳和氢）在木星和土星上极为罕见。没有这些化学物质，我们所知的生命不太可能在那里存在。

现在接着往外飞，我们到了"冰质巨行星"，也就是天王星和海王星。与木星和土星相比，这些充满气体的蓝色行星包含了更有利于生命存在的化学混合物。但由于缺乏像火山这样的能量来源，而火山其实刺激了地球上的生命诞生，我们基本上可以肯定，创造生命的化学反应不可能在那里发生。更重要的是，这 4 颗行星上极端的温度和压强，让我们对于认为它们可能成为类似地球生物的这种碳基生命的家园基本上不抱什么希望。

但我们不能放弃。还有许多地方有待搜寻。一起来吧！让我们前往木星和土星的一些冰卫星。

冰卫星

　　如果无数微生物正在南极的海冰之下开着派对，那么我们有什么理由不在太阳系的其他地方寻找这些小家伙呢？也许我们应该去其他结冰的海洋里找找，如果这种海洋存在的话……

　　那就让我们来认识一下木卫三、木卫二、木卫四、土卫二和土卫六，也就是木星和土星的一些冰卫星。科学家认为它们的表面之下可能隐藏着巨大的液态水海洋。

　　我们没法直接看到这些海洋，因为它们上面覆盖着冰。但是科学家已经发现的证据表明，冰层之下是一片不见天日的、流动的咸水世界。他们通过测量隐藏的海洋对卫星磁场的影响发现了这一点。

　　木星最大的卫星木卫三可能不是有机生命的家园，即使那里的确有液态水。科学家认为，那里的洋底高压可能会阻止任何热液喷口将构建生命所需的养分送入水中。

　　木星的另一颗卫星木卫二更有条件创造并容纳外星微生物。就像我们知道的，水对生命而言至关重要，而木卫二上存在大量水。科学家认为，木卫二上的水可能是地球海水总量的两倍。虽然它的表面覆盖着冰，但在下方，它却被潮汐的摩擦加热了，这是由木星这个大块头邻居的轻微引力拖拽引起的。热量融化了冰，为生命繁衍创造了一种完美的环境。

　　木卫二更小的同胞木卫四同样有一片海洋，位于

37

它表面之下约 250 千米。这片海洋可能比木卫二上的海洋更寒冷，也不太可能支持发展出大型有机化合物所需的那些化学反应。

土卫二是土星的一颗卫星。在它开裂的玻璃状冰冻表面下，也有一片巨大的海洋，可以为生物提供一个合适的家园。卡西尼号探测器是美国国家航空航天局、欧洲航天局和意大利航天局的一个合作项目，它发现这片海洋中的热水、氨、盐和有机化合物，从冰层中被称为间歇泉的热液喷口喷向太空。如果地球上的生命始于热泉，那么这对土卫二可能意味着什么？这颗卫星是外星搜寻者的一个令人垂涎的游乐场。

土卫六是土卫二的大姐姐，也是土星最大的卫星。它的表面流淌着液态甲烷和乙烷的河流，人们认为在它表面之下还有一片巨大的海洋。我们还不清楚这片海有没有水。但在最近的实验中，科学家将模拟太阳灯照向类似于土卫六大气的化学混合物，在不添加任何水的情况下，就长出了构成 DNA 的化学物质。

遗憾的是，我们还不能派出宇宙飞船进行探索。这些卫星都很远。飞到土卫六至少需要 3.5 年，而一旦到了那里，宇宙飞船就会遭受来自木星和土星的引力和辐射场的重创。以现有的技术，不能保证航天员的生命安全，也无法让自动航天器安全着陆。

这就是为什么我们需要一步一个脚印地探索这些星球。目前有两项空间任务正计划访问这些冰卫星。

在未来 10 年间，美国国家航空航天局计划中的航天器欧罗巴快船将近距离飞过木卫二、木卫三和木卫四这 3 颗木星最大的卫星，拍下照片并研究它们的大气。它将搜索冰质表面上的热点（比如热液排放或者间歇泉），并利用雷达、磁测量和引力测量揭示它们装满水的"肚子"。

欧洲空间局也在计划一项前往冰卫星的任务。木星冰卫星探测器（JUICE）将和木星以及我们最喜欢的"三剑客"，也就是木卫二、木卫三和木卫四进行亲密接触，探索它们的海洋和大气。

这些任务将对隐藏在木星和土星的神秘冰卫星表面之下的东西进行令人兴奋的探索。它们会不会发现有机化学物质从温暖的海洋中喷出的证据？如果它们找到了，这又意味着什么？

只有当我们最终将航天器降落在这些冰卫星表面，并探测出下方的情况时，才能确定这些卫星上有没有诞生出生命。

我们会不会发现成群的鱼儿或者鲨鱼正自在地游来游去？揭开土星海蛇或者（栖居在木星的）木星水母的面纱？或者与一些我们前所未见的完全"外星"的生物面对面？我们会不会发现利用宇宙射线的能量生长的水生森林，或者是只有在百年一次的探险中才会浮出水面的智能海洋居民的水下城市？

在我们开发出能勘察遥远的星球、在冰卫星上着陆并钻入地下海洋的先进宇宙飞船之前，我们只能想象着外太阳系冰卫星之下的神秘景象。

无论要多久，我们总会到达那里。因为人类的好奇心是一种无法抗拒的强大力量。

你是个外星人吗？

到目前为止，我们一直假设地球上的生命始于地球，始于化学物质在深海热泉或者火山湖岸边混合之时。

但是科学家还想到了另一种耐人寻味的可能。

地球上的生命会不会来自太空？换句话说，你我实际上可能是外星人？

想象一下这样的场景：穿越回45亿年前，太阳系刚刚形成。行星从太空中收集物质，就像巨大的雪球拾起细小的雪花。一群孤独的残留岩石正像注定悲剧的信使一样围绕着太阳飞速旋转。

尤其是一颗冰质小行星，它即将撞上地球。在太阳的加热下，水和有机化合物的组合在小行星上形成了最早的微生物。随着一次猛烈撞击，它迎头撞向地球。碎片散落在1000千米的范围内，将活着的珍贵乘客撒在了地面，在我们的行星上播下了生命的种子。

另一种理论甚至更令人兴奋。

坐稳了，听好：我们可能是火星人。

令人难以置信的是，地球上已经发现了250多块来自火星的陨石。这些石头实际上是火星的碎片，是火星被小行星撞击后抛出，在太空中跨过了至少5500万千米，落在了某家人的后院里。这多妙啊！

一些人认为，像这样的陨石可能将古老的火星生命带到了我们这颗行星上。科学家"解剖"分析了这些火星陨石，希望能找到他们梦寐以求的东西，也就是古老的化石微生物。目前研究的陨石包含生命所需的有机化学物质的组合，但还没有发现完全形成的生命的特定迹象。

如果我们真的在火星陨石中发现了微生物，那很久以前这些微型"火星人"在我们有水的行星上谋得一席之地，茁壮成长，并演变成了我们今天看到的庞大而多样的生命动物园，这个理论也并非不可能。

也就是说，如果你曾经觉得你的兄弟姐妹或者朋友可能来自另一个行星，你可能是对的！

生命的"种子"穿越太阳系，这种想法很吸引人，它让我们联想到生命起源的一种更古老的可能性。

这些生命的小颗粒会不会来自更久远的时代？甚至来自另一颗在太阳诞生之前就已经存在的恒星？

2017年，一块名为奥陌陌的奇怪而神秘的岩石入侵了太阳系。它的名字在夏威夷语中的意思是"第一位遥远的信使"。

与（形似土豆的）普通太空岩石不同，它有400米长，薄如一块巧克力。在我们眼中，这个奇怪的物体泛红，背面有黑斑。科学家发现它没有水，也没有像彗星靠近太阳时那样喷出气体流。

这位耐人寻味的客人猛地冲进太阳系，围绕着太阳旋转，它的轨道速度和轨迹证明它并非来自外太阳系，而是一位来自深空的勇敢访客！这是第一次从地球上看到一位星际旅行者。

奥陌陌远距离飞掠地球的时间相当短暂。它现在正飞过海王星的轨道，离开太阳系，回到银河系的深处。

奥陌陌告诉我们的最重要的事情是，通过岩质物体进行星际接触是可能的，至少在很长一段时间里是如此。

如果微小的微生物生命能搭上类似这样的岩石的顺风车，并在太空深处生存下来，也许在宇宙的其他地方也可能有生命。

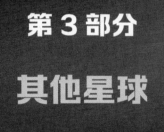

第 3 部分

其他星球

系外行星

当12岁的我开启我的天文学冒险时，天文学家在几周之前刚刚发现了第一颗围绕另一颗恒星公转的行星。

那是1992年1月，科学家正在研究一颗叫作PSR B1257+12的奇怪的恒星（让我们简称它为伯尼吧）。这颗个头不大却异常强大的恒星，诞生于宇宙中两颗被称为白矮星的致密低温恒星的碰撞。它有10千米宽（相当于一座乡村小镇的大小），每分钟旋转约一万圈，密度是铅的一万亿倍。很难想象有比它密度更大的小机器了。如果你把所有活着的人都塞进一个小套管里，就是这颗恒星的密度。

伯尼并不像普通恒星那样向各个方向发出光芒。相反，它以两道火炬状的光束释放出能量，随着恒星自转每秒闪烁1000多次。像这样的恒星被称为脉冲星，因为它们有一种规律的脉冲，有点像脉搏。

同年，观测伯尼的科学家发现，它的脉冲存在着一些不规律，像所有好医生一样，科学家也想一探究竟。结果发现，某种看不见的东西正拉扯着伯尼的火炬光束，导致它们产生了轻微晃动。更重要的是，这种晃动的节奏很有规律。

科学家经过计算发现，这种有规律的晃动一定是由一对绕脉冲星公转的行星造成的。它们分别被称为"波特格斯特"（Poltergeist）和"福柏托耳"

（Phobetor）[1]。（顺便说一下，这是它们的真名，不像伯尼，那只是我起的一个绰号！）

科学家还能弄清楚这些行星可能是什么样的。它们比地球重大约 4 倍，与伯尼的距离比地日距离近得多。它们如此靠近脉冲星意味着，它们会在酷热难耐的高温下被炙烤。它们曾经拥有的任何大气，都会被来自脉冲星伯尼的高能粒子剥去。

这还不是探索的终点。1994 年，又发现了另一颗名为"德拉古尔"（Draugr）[2]的行星绕着伯尼运行。这个太阳系之外的行星的"第一家族"，标志着科学史上的一项重要成就。人类在研究了数万年行星之后，终于意识到，我们的太阳系并非独一无二。它并不是宇宙中唯一可能存在生命的地方！这开辟了一个新的可能的领域，有可能在那里发现像地球一样的其他行星。它们是不是生机勃勃的？我们会不会拜访这些星球，或者和那里的居民交谈？这些问题无穷无尽。

开普勒空间望远镜围绕太阳运行了 10 多年，观察了成千上万颗恒星，多亏了这台望远镜，我们现在知道了数千颗系外行星。它们"风味"各异，有像木星和土星这样的气态巨行星，还有像天王星和海王星这样的冰质行星，也有像水星、金星、地球和火星这样的岩质行星，以及熔岩行星，也就是那些地狱般的行星，它们离恒星太近了，表面就像装满了沸腾的熔化岩石的大锅。

1　Poltergeist 原意为"吵闹鬼"，Phobetor 是希腊神话中的梦神之一。
2　Draugr 是北欧传说中的不死生物。

而这仅仅是我们在银河系一隅发现的行星。如果有一台更加强大的望远镜，我们可能会期待在整个宇宙中搜寻行星。它们可能是什么样的？其中一些能不能孕育出生命？虽然我们还不知道这些问题的答案，但我们可以进行一种有根据的猜测。

　　根据开普勒空间望远镜的数据，多达五分之一的类日恒星都可能存在一颗类似地球的行星，它们享受着类似我们地球的阳光量。由于银河系中估计有 280 亿颗类日恒星，这意味着，就在我们的宿主星系里，我们可能会在一片区域内发现多达 50 亿颗岩质行星围绕着类日恒星公转，而这些行星上可能存在液态水。地球上的生命离不开液态水，所以我们猜测它也可能是地外生命的一种必不可少的成分。

　　由于总共可能有大约两万亿个星系，所以宇宙中可能有大约 100 垓[1] 颗类似地球的星球。让我们认识一下其中的一些。

1　即 10 的 22 次方。

搜寻类地行星

　　许多科学家对搜寻宜居的外星球颇有兴趣。但是，什么因素会让一颗行星适合生命存在呢？

　　说实话，我们不知道。地球之外是无垠且古老的宇宙，我们并不指望明天就能听到外星人来敲门。这就是为什么科学家必须对地外生命可能长什么样，还有它们可能生活在哪里做出一些有理有据的猜测，这样才能缩小搜索范围。

　　在宇宙中探寻生命时，我们通常从与地球相似的地方开始。我们先搜索一颗位于恒星周围"宜居带"的岩质行星，在那里，液态水可以在表面流动。这意味着这颗行星应该与它的恒星保持恰到好处的距离，处于我们所说的"古迪洛克带"[1]中，那里的行星表面不会太热，也不会太冷。（就像古迪洛克的粥！）

　　我们认为像我们一样的生物需要保护，避免危险的极端温度、大气压和辐射。这意味着这颗行星不能离它的恒星太近，否则它会被引力拉伸和压扁，并被辐射轰击。哎哟！

　　在过去的15年间，已经发现了几颗围绕其他恒星公转的类地行星。那么到目前为止，我们发现的最激动人心的、最有可能居住着外星人的星球有哪些？

　　其中一个竞争者是开普勒 −442b，这是一颗围绕

1　也就是宜居带，得名于著名童话故事《金发姑娘和三只熊》，故事中一位名叫古迪洛克的金发姑娘想要不烫也不凉、温度恰到好处的粥。

着凉爽的橙色恒星公转的岩质行星。它位于宜居带内，因此表面可能存在液态水。但这颗行星只有 29 亿年的历史，比地球年轻了 17 亿岁。当地球还是这个年纪时，只有基本的单细胞和多细胞生物在这里生活，动植物和真菌还没有发展出来。这意味着，即使开普勒 -442b 上的生命已经出现了，也可能是个微生物的世界，而没有像你我这样的复杂或智能的生物。

另一颗令人兴奋的类地行星是开普勒 -62f，它位于一个恒星系统中 5 个（可能是岩质）行星的最外层，距离地球 990 光年左右。开普勒 -62f 比地球略大，一年的时间更短（只有 267 天），而且它离它的恒星比地球离太阳近一些。但这并不意味着这颗行星对生命来说就太热了，因为它的橙色恒星比太阳要暗一些。

开普勒 -62f 的年龄几乎是地球的两倍。这相当令人兴奋，因为如果这颗行星是宜居的，并且有生物在那里生活，那么它们的进化时间就比我们在地球上更长。复杂的智能生物会不会生活在开普勒 -62f 上？这是可能的，甚至有可能它们已经发展出了比我们先进得多的技术！

想象一下这样的场景：比蓝鲸还大的巨型海洋生物在这颗行星的水中遨游，大片的外星蕨类和树木肆意生长，它们超大的叶片从开普勒 -62f 绕行的昏暗的橙色恒星上收集宝贵的阳光，为植物的生存创造能量。会飞的哺乳动物用它们巨大的翼展克服它们超大星球上额外的 30% 引力。复杂的智能生物生活在这般美景之中，用高速且高效的航天器探索它们自己的"太阳系"。

所有这些都有可能正在发生，就在银河系的邻近区域。而我们只能猜测在宇宙更深处还存在着什么令人"脑洞大开"的星球。

我迫不及待地希望，有朝一日我们能亲身探索类地行星。但我们目前的火箭还是太慢了。新视野号探测器（我们最快的行星际探测器）需要大约 2000 万年才能抵达开普勒 -62f 和开普勒 -442b。即使我们能够以光速旅行，也要 1000 多年才能到达这些行星。

不幸的是，就我们所知，没什么东西能比光速更快。当你在非常快速地移动时，加速也越来越难了。在光速下，你会变得无限重，没法移动得更快了。很奇怪对吧？

这就是为什么像火箭这样的重物甚至很难达到接近光速的速度，因为它需要太多能量了。如果我们有可能创造出一种以光速飞行的火箭，那么只要 4.2 年就能飞到最近的系外行星。（那是比邻星 b，它是一颗小型的行星，围绕着叫作半人马比邻星的耀星[1]红矮星公转，这颗耀星就像一条愤怒的火龙一样，用辐射爆发轰击着比邻星 b。）

有了更快的火箭技术，谁知道我们还能遇到怎样的外星邻居？目前，我们依赖望远镜让我们更接近那些揭示宇宙中生命的证据。我们最好的选择是在离家更近的地方找到类地行星，这样一来，我们就可以在有生之年飞到那里再回来。

1　会在短时间内突然增亮的变星。

太空中的水熊虫

一些地球生物拥有极强的复原力，它们能在外太空的危险环境中生存。

2014 年，航天员将一个装有各种微生物、苔藓、地衣和藻类的盒子固定在国际空间站外面。它暴露在恶劣的太空环境中，也没有氧气。

随着航天器从耀眼的阳光下进入完全的黑暗中，这些勇敢的小家伙会经历 − 157℃和 121℃之间激烈的温度波动。它们长期忍受着来自太阳的紫外线辐射，一直暴露在被称为"宇宙射线"的快速移动的危险粒子之中。

这些生物在外太空待了大约 18 个月，然后回到地球进入研究室。科学家惊奇地发现，许多微生物都设法生存了下来。

其他实验发现，最顽强的微生物是奇异球菌属的细菌，只要它们被保护免于紫外线辐射，就可以在深空中坚持许多年。那些生活在岩石内部或者"菌落"（由它们的伙伴组成的群体）中的细菌简直快乐无边！这些微生物比我们想象的更坚韧！

这给科学家带来了希望，也就是说，生物或许能经受得住星际旅行。无论是火星碎片到地球的陨石之旅，还是像奥陌陌那样的星际岩石之旅，生命在行星间旅行的想法依然是可能的。

那么其他卫星和行星呢？那里可能存在微生物吗？我们认为有可能！

科学家已经在一间特殊的实验室里进行了几次"火星"实验。微生物被保存在和火星一样的土壤和空气中，观察它们能否生存。大多数微生物都死了，但是在富含养分且免受紫外线辐射的潮湿土壤中，一些微生物设法活了下来。

我们还没有测试过微生物能否生活在真实的火星表面上，但是有计划让人类在10到20年后探索火星，所以我们可能很快就会得到一些答案。除了测试来自地球的细菌能否应付火星的环境之外，登陆火星的航天员也会搜寻火星细菌。这种搜索的主要目标位置之一是在火星陨击坑内疑似古老河床的土壤中。

当我们探索太阳系，寻找无论是死是活的生命迹象时，都得非常小心，不要污染了我们正在探索的星球的表面。

就像脏手会传播病菌一样，来自地球的宇宙飞船和探测器也会把细菌和其他微生物的生命形式传播到遥远的行星和卫星上。这就是为什么现代空间探测器要在"洁净室"（无尘的环境）中精心组装并准备发射，从而避免将地球上的微生物送去其他星球。但太空机构过去可没那么小心，我们可能已经把地球上的细菌传播到了月球和火星上。

如今，科学家在不遗余力地避免在其他行星上留下我们那些脏兮兮的指纹。从轨道上研究土星及其卫星的卡西尼号探测器在2017年完成任务时，被刻意引向了土星。这就是为了避免航天器意外地与土星的冰卫星土卫二相撞。想象一下，如果我们把地球上的细菌传播到了这颗原始星球上，如果我们以后再去那里，就永远无法证明发现的微生物是来自地球还是来自土卫二了！

　　但事情并不总是按计划进行。2019 年，一架以色列的无人航天器发生故障，坠落在月球上，上面装运的缓步动物（也叫水熊虫）就撒在了月尘上。

　　这些微小的生物不到一毫米长，长了 8 条腿，还有可爱的小爪子，看起来就像科幻小说里的东西！它们通常生活在水中，但也喜欢陆地上潮湿的地方，比如长满苔藓的地面。你家的后花园里可能就有一些。

　　如果极度缺水，水熊虫就会进入一种叫作干化的状态，它们的身体会皱缩，直到再次遇水复苏。这就像它们处于假死状态，被冻结在了时间中，只等待着一场过境的甘露。如果条件合适，缓步动物可以在这种干化的状态下存活长达 30 年。

　　在以色列的航天器上，一群水熊虫被脱水置于干化状态，以便踏上月球之旅。这是为了保存这些生物，作为一种地球上生命的记录。（事实证明，这不是最好的主意。）

　　希望终有一天，我们会重返月球，从坠落地点捡起那些水熊虫。再洒上点水，看看它们是否恢复了生命，这简直太不可思议了。如果真是这样的话，这将带来一种引人入胜的见解，让我们了解来自地球的微生物在其他卫星和行星的恶劣环境中能生存多久。

红矮星的行星

银河系每 10 颗恒星中，就有大约 7 颗是红矮星。这些恒星不像太阳那样能发出炽热的黄光，也不像主宰我们夜空的超巨星那样发出耀眼的白光。红矮星个头很小，光线很暗，从地球上完全看不到，除非你有一台非常强大的望远镜。这些恒星也是臭名昭著的坏脾气，偶尔会以强烈的"超级耀发"辐射的方式大发雷霆，然后又恢复到了之前阴沉的状态。

红矮星数不胜数。仅仅在银河系里，可能就有至少 580 亿颗，其中有几颗离地球还很近。

红矮星有行星吗？

有的，它们有行星。

开普勒空间望远镜已经在红矮星周围发现了许多行星，其中一些正位于它们弱小恒星的宜居带内。

离我们地球最近的是比邻星 b，这是一颗围绕着离地球最近的恒星——半人马比邻星——公转的行星。尽管这颗恒星离我们只有 4.2 光年的距离（如果未来我们建造出了光速火箭，理论上我们可以在有生之年飞去那里），但肉眼看不见它。不过，多亏了一些硕大无比的望远镜，我们对它有了相当深入的了解。

如果你到访比邻星 b，在那里随便逛逛，你的腿会感觉比平时重一点。这是因为比邻星 b 的引力比地球更强，所以你会觉得好像正背着一个又大又重的背包在走路。

比邻星 b 的公转轨道半径只有我们与太阳的距离

的二十分之一，完成一圈公转只要11.2天。也就是说，比邻星b上的一整年只有11.2天。

想象一下，每隔11天就能吃一次生日蛋糕！我绝对会习惯这一点的。

比邻星b上会有生命吗？遗憾的是，我们认为不太可能。半人马比邻星也是一颗耀星。这意味着比邻星b经常经历大规模的恒星风暴，那时恒星变得比平时亮50倍，会猛烈地将炽热的气体喷射到太空中。

这些耀星释放出的紫外线辐射量，比最顽强的地球微生物能承受的致死量还要高100倍左右。即便比邻星b存在类似地球的大气层，它的臭氧层也很快就会被这些定期而至的风暴破坏。

不过，并不是所有红矮星都有如此剧烈的爆发。也有一些比较平静的红矮星，比如TOI 700。这颗低温小型恒星距离地球只有100多光年，它有一颗类地岩质行星，名叫TOI 700 d。这颗行星正好位于液态水可能存在的区域，也就是生命可能存在的区域！

虽然它不受恒星耀发的影响，但这颗行星有些奇怪之处。它总是同一面朝着它的恒星。这让它的一面永远处在阳光的照射下，另一面则一直陷在无穷无尽的黑暗之中。

这颗奇特的行星上会有生命吗？

有可能。我们研究地球最深的海洋后得知，有的生物可以在没有光的情况下生存。只要温度不是太极端（如果行星存在大气对此会有所助益），也许生命可以存在于TOI 700 d白天和黑夜的交界处附近。那里的生物可以享受着永远的日出，沐浴在它们那颗恒星的粉红色光辉中。

　　我很想拜访并了解这个潜在的宜居星球。不幸的是，由于100多光年的距离间隔，用我们现有的航天器，要花数千年才能到那里。

　　也就是说，我们没法在短期内访问这颗行星。我们想要了解这些非常遥远的行星上的生命最有可能的方式，是向恒星发送超快速的航天器，让下一代科学家从得到的结果中有所收获。

　　这是一种相当棒的想法！

在一个外星世界度假

想象一下我们现在是外星人，生活在另一个星球上。

在这个"太阳系"中有 6 颗行星，其中 3 颗可能有生命存在。我们生活在佐格星[1]上，这是一颗岩质行星，大气由氮气和二氧化碳组成，还混着少量氧气。我们长着四肢，主要利用二氧化碳创造能量。

佐格星围绕两颗橙色的恒星公转，星球表面的平均温度上升到了 60℃。这对我们来说相当完美。我们不会觉得太热，因为我们的身体已经适应了这种环境。

佐格星上有许多动植物，包括几种智能鸟类。在陆地上，无边无际的沙漠向远方延伸。在更凉爽的地区，也就是往两极走的地方，是绵苔树森林，这是一种高大的海绵状的苔藓，拥有相当惊艳的深蓝色。

我们邻近的行星艾拉星和玛娜星同样有生物居住，但那些都是独立进化出的不同生物。这些行星上的生命始于 70 多亿年前，这就是为什么那里生活着各种各样、形形色色的复杂的智能生物。

艾拉星上有令人眼花缭乱的开花植物，还有类似蝴蝶的巨大飞虫。也有像蜜蜂一样的智能生物，被称为类蜂。它们生活在小家庭中，建造自己的住所，使用一种复杂的肢体语言，并形成了社会。在社会中，它们会生产食物和交换生活必需品。

玛娜星则是一个凉爽的水星球，上面有一些住在

---

1 本篇中提及的 3 颗行星和动植物名称，均为作者虚构。

海里的智能生物，它们生活在防御性较好的靠近海岸和湖岸边的水下房子里。它们说着复杂的语言，很像鲸和海豚说的话，但它们的生活却截然不同，因为这些生物已经学会了养殖鱼类，不再需要狩猎。

以前这些星球彼此之间看起来相当陌生，但自从行星际快车建成后，就可以去艾拉星和玛娜星度假了。

佐格星人第一次访问艾拉星和玛娜星时，还需要穿航天服，保护他们免受那里不舒服的温度和过低的大气压的影响。自从"佐格圈"（一种特殊的太空舱）建成后，我们只有在外面冒险时才需要穿上航天服。但不建议在艾拉星上这么做，因为如果类蜂看到你飞向它们视若珍宝的花朵，它们会气急败坏的！

在艾拉星的旅程非常奇妙。由于离双星比较近，这里是一处热带休闲胜地，白天很长，夜晚很短。幸运的是，我们在佐格星上已经习惯了，因为有两个太阳意味着每天晚上只有几小时的黑暗时光。

在艾拉星观光意味着，我们可以利用比较弱的引力，骑着小型飞行单车四处转悠。即使隔着薄薄的压力服和头盔，硕大无比的卡鲁花也会让你的感官兴奋起来。巨大的四翼蝴蝶初见很吓人，但它们是安全的，而且它们的颜色必须亲眼看见才能相信！

在玛娜星的度假更像一场冒险。别的不说，首当其冲的就是天寒地冻！你必须用厚厚的衣服裹在压力服外面。接着便是引力，它要比佐格星强 40%。当你降落在这颗行星上时，在座位上就会觉得不可思议的沉重。仅仅从飞船上站起来走下台阶就很难了。你突然感觉自己是个非常迟钝的生物。幸运的是，在这里基本不需要在陆地上走很远的距离。

玛娜星的大部分地方都是海洋，而这正是令人兴奋之处。大多数玛娜星度假的亮点都是刺激的海底航程。专门考虑佐格星人的舒适度而设计出的潜水艇，被加压到了一个佐格大气压，并校准了精确的气体混合物，让我们能自在呼吸。

透明的观光平台让我们能观察壮丽的玛娜星生物在工作和玩耍时的日常活动。我们慢慢滑过它们的家和农场，观察着它们过着的隐秘的水下生活。这一定是变成一条鱼的感觉！潜艇设计成了可以吸收这些生物用来"看"水下情况的雷达信号的形式，所以当地人甚至都不会注意到我们的存在。最好不要惊吓到它们，让这里一直是一处可持续的安全度假胜地。

这是一幅外星"太阳系"的现实画面吗？有可能是。

回到现实世界，TRAPPIST-1 系外行星系距离地球只有大约 40 光年的距离。它有 7 颗行星，围绕着一颗微弱的红矮星公转。其中 3 颗行星位于宜居带内！未来的太空任务有机会探索这些星球，并在不到 100 年的时间里将结果传回地球。

与此同时，天文学家还在继续搜索来自这些行星的射电 [1] 信号，但到目前为止还没有任何发现。

我们将继续关注 TRAPPIST-1 和它的 7 颗行星，畅想我们在那里过节会是什么样！

1　就是无线电信号。射电是它在天文学中的另一个名字。这本书将根据具体语境使用这两个词。

第 4 部分

接触

飞碟、"红色精灵"
和不明飞行物大战

你觉得有关外星人的想法是有意思还是诡异？对我来说，这取决于我认为它们可能是什么样的。如果我们说的是小行星上的微生物，或者在木卫二海洋深处游动的优美生物，我会十分好奇，也想了解更多。但如果是在阴暗的森林上空盘旋并绑走人的飞碟，那就算了！

那些目睹外星人坐着飞碟访问地球的新闻和故事是真的吗？

关于天空中奇怪的光球或者火球的故事流传已久。1561年，在德国城市纽伦堡，一份当地报纸上刊登了一则故事，讲述了巨大的光弧、发出血红光芒的十字和其他形状的东西在空中起舞。一些现代评论家称之为空中"不明飞行物大战"。

人类发明飞机之后，关于不明飞行物的报告变得相当普遍。在第二次世界大战中，被称为"喷火战机"的不明飞行物目击事件时常发生。看到它们的人说，这些物体可以快速移动方位，而且似乎经常跟随着飞机。

随后出现的一系列不明飞行物目击事件和飞碟的说法，主要集中在美国。1947年，一位名叫肯尼思·阿诺德的飞行员（和几位地面目击者）声称，他们在美国西北部上空看到一排薄薄的圆形飞行物。媒体对此颇有兴趣，其他人也报道了其他许多目击奇怪物体的情况。同年7月，当地人在新墨西哥州罗斯威尔小镇附近发现了一个所谓的飞碟残骸。

科学能否将这些事件解释成普通事情？又或者，来自其他星球的智能生物真的造访了地球？

事实上，耀眼的光球和火球可能是由雷暴引起。包括经常从飞机上看到的蓝色或紫色的等离子放电，被称为"圣艾尔摩之火"，还有在雷暴上方看到的红色闪光，叫作"红色精灵"，以及在电暴中形成的神秘飘浮光球，也叫"球状闪电"，这些都与外星人无关。

我们能解释德国的"不明飞行物大战"吗？也许吧。这几乎可以肯定是一次"幻日"现象。当光线被冰冷的高空云层反射成绚丽的彩虹圈和弧时，这些美丽的灯光秀便诞生了。

那在罗斯威尔发现的飞碟残骸呢？很遗憾，那也不是外星人。那只是美国空军的一颗高空气球坠落在了那片区域。

那么，地面和飞机上的目击者看到的飞碟呢？它们有可能是来自外太空的生命吗？

这些是目前我们无法解释的事情。

许多飞行员都看到了快速移动的光点，有的是直接亲眼看到，有的则是显示在雷达上。没人说得清是什么导致了每一次事件。它们仍是谜团。

但外星人呢？大多数不明飞行物目击事件都是突然出现在第二次世界大战期间，这有点太巧了。这场冲突的主场在空中。从 20 世纪 40 年代起，各种试验性的飞机和火箭都在进行测试，特别是在欧洲和美国。这些都是最高机密的军事项目，不许任何人谈论它们。有可能这些不明飞行物目击事件看到的只是秘密飞机、无人机和火箭。但我们并不确定。

那么在太空的航天员呢？他们有没有发现外星飞船的踪迹？

航天员曾报告说看到了太空舱外飘在太空中的物体。互联网上充满了关于外星人在地球周围飞行的阴谋论，但真相更是平平无奇。人们发现，那只是一些"太空垃圾"，它们是我们在自己的太空活动中投弃的助推器和设备。所以，是垃圾，不是生物。

人们倾向于相信，他们在空中看到的每一种无法解释的光或形状，都可能是来自另一颗行星的智能生物。也许有朝一日，我们会遇见来自另一个星球的生物，或者和它们交谈，这是多么激动人心的想法。但科学是基于证据的，这意味着需要证明有些事情是真的。对于不明飞行物，我们没有证据表明它们是什么，当然也没有证据证明它们来自其他行星。最好不要轻易下结论，即便这意味着要承认我们不知道。

如今，几乎所有人都随身带着一部配备了高清摄像头的智能手机。如果不明飞行物真的搭载了来自其他行星的外星人，我们有一天应该会给它们拍下一段高清视频。我可不指望这是近在眼前的事情！

有人在听吗？

自从发明无线电发射器后，人类一直在向太空泄露无线电噪声。我们的机场和气象雷达，我们的移动电话和电视发射器，都不停地向四面八方传播有关我们文明的信息。

举个例子，如果有聪明的外星人生活在我们邻近的系外行星比邻星 b 上，它们可以轻易地利用射电望远镜探测到这些信号。

我们与外星物种的交流可能已经在我们毫无察觉的情况下开始了！比邻星 b 上的科学家可能已经在监听我们的广播，观看我们的电视节目，了解我们的语言和习俗。如果它们看到了我们的晚间新闻，里面报道的都是冲突和战争，它们可能觉得我们才是非常可怕的外星人。也许它们光是听着就很满足了，并不想让我们知道它们的存在。

除了向任何可能在偷听的外星邻居发出这些意外的信息之外，人类也刻意向太空发送了信息。

1974 年，位于波多黎各的阿雷西博天文台的巨型射电望远镜向梅西叶 13（也叫 M13）星团发出了一个强大的射电信号。这条信息包含了有关太阳系、人类、DNA 和我们在银河系中位置的信息。

如果星团中的 10 万颗恒星里，有任何一颗是使用射电技术的智能生物的家园，我们预计可能会在约 5 万年后得到回复！

最近一次针对附近恒星的广播更有可能得到回

应。2008年，位于叶夫帕托里亚的碟形天线向仅20光年之外的格利泽581星发出了500多条信息。那里的行星系包含2颗潜在的宜居行星，包括格利泽581c，这颗行星可能和地球非常相似。信号预计将于2029年初到达那里，如果存在一个智能文明决定回复，我们最早能在2049年收到信息。那时你多大了？

最大的问题是，如果我们明天收到了来自外星生物的明确信号，告诉我们它们住哪里，长什么样，我们要怎么做？

有这样一本规则手册，规定了与外星人接触该做和不该做的事情。科学家在1989年达成的一项国际协议的指导下，说明了如果发现外星人信号应该如何处理。

首先，任何我们"认为"可能是外星人发来的信号（我们发现了很多这样的信号）都应该由其他几位科学家检查，确保它的确是另一种生命形式。我们不希望因为虚惊一场就散播恐慌。

如果一个信号被证实来自智能的外星人，就必须告知国家政府、联合国和国际科学组织。

然后发现信号的科学家团队可以向公众公开这一发现。所有信息都应该被共享，这样每个人都有机会知道我们正在面对的确切情况。最重要的是，在世界各地政府有时间讨论我们到底应该怎么做之前，不该有人回复这则消息。

当2049年来临之际，如果格利泽581c上的人发来了消息，你会和外星人分享什么信息呢？

你会发给它们电子书、画作、音乐或者电视节目吗？你会分享有关科学的信息，或者问问有关外星人的技术和对宇宙的了解吗？

我们应该安排会面吗？还是我们该保持沉默，防止它们想伤害我们？

有一天，也许我们不得不做出这些决定。

和外星人一起踢足球

　　来自其他星球的外星人能访问地球吗？它们能不能降落它们的……呃……飞碟或者其他什么东西，然后走下斜坡来到我们之中？我们能和它们一起踢足球吗？

　　这得看情况了。外星人的身体可能和我们的截然不同。它们家园的引力、大气和阳光强度可能和地球上的完全不一样。如果它们到访地球，可能会觉得沉重而迟钝，或者像人类在月球上那样蹦蹦跳跳的，因为我们的引力可能比它们那里的弱一些。它们甚至可能需要穿上厚重的航天服，保护它们免受我们大气的影响。

　　瞧，它们似乎已经没那么可怕了！

　　长着大眼睛的黏糊糊的绿色外星人出现的机会相当渺茫。但如果我们收到来自一颗遥远行星上的智能生物的信息呢？如果它们给了我们地址，我们可以去看看吗——也许一起踢个球？

　　这是有可能的。在我们已知的4200颗系外行星中，大约有60颗近到我们能在有生之年造访。这意味着，有朝一日离开地球，以光速或者接近光速的速度穿行在太空中，与外星人踢足球，喝杯冷饮，聊聊天，然后飞回地球，这也许是可行的。

　　外星足球这部分听起来很有趣，但旅行就没那么有趣了。想象一下，在一架狭小的宇宙飞船中度过20年，没有新鲜空气，只有几个人可以交谈，这还只是单程！即使我们愿意在一个不见阳光的锡罐中度过一生，喝着回收的尿液（没错，是真的），我们现在仍然没有技术将这变成现实。

我们要找到一种能源来驱动宇宙飞船，让它能加速到每秒 300 000 千米，然后再减速，以便探索那颗行星。我们需要发动机和降落伞，安全降落到地面（这并不容易），然后发射升空，再次飞回地球。

太空飞行也会影响我们的健康。航天员需要保护自身免受危险的宇宙射线的影响。失重会对肌肉、眼睛和骨骼造成破坏。缺乏自然光和空气也可能带来伤害。还有空间垃圾，是一种一直存在的危险隐患。无聊也很可怕，想象一下，你的拼图要有多大，才能坚持下来 40 年的旅程。

令人兴奋的是，拜访外星人的旅程还有几种方式可以实现。

如果我们太阳系的冰卫星上有生命，太空游客可能会在未来 50 年内穿上航天服，乘坐宇宙飞船前往气态巨行星。即使那些外星生物只是类似微生物的东西，甚至是水熊虫，但谁不想兴奋地爬上宇宙飞船，访问我们最近的邻居呢？

如果在我们太阳系中没有其他生命，也许我们会幸运地和离我们最近的恒星的外星文明相遇。如果它们也有航天器，在中途相遇可以缩短旅行时间。我们可以在一颗邻近的行星上，甚至在一个大气环境适合我们两个物种的特别设计的空间站里进行足球比赛。（没错，这是我最喜欢的运动！）现在这看上去像是天方夜谭，但在 60 年前，人类飞往月球的想法也是如此。

我们和外星人交朋友最后的希望是，也许我们可以在宇宙中进行超远距离的旅行。与其突破光速，不如说我们可能发现穿越时空的秘密隧道。这就是所谓的"虫洞"，这是科学家提出的人类在宇宙中进行长距离旅行的一种方式。虽然还没有证据表明虫洞确实存在，但我们仍在寻找它。

　　想象一下，通过虫洞飞往 20 亿年后的一处遥远之地。那时可能会有什么不可思议的生物和高深莫测的技术存在？

　　目前来说，这还只是科幻故事。幸运的是，你的想象力是无边的。

和外星人视频聊天

以我们热爱大地的身体和短暂的寿命来说，造访我们的外星邻居可能永远不会成为现实。

那我们为什么不进行视频聊天呢？

向外星球发送并接收信息的想法并不新鲜。

100 多年前，科学家就发现，让电流通过金属线就可以远距离传输信息。这创造了看不见的"无线电波"，它可以被数百千米之外的另一条电线截获。这项技术是革命性的，因为它让信息能即刻发送，漂洋过海。如今，我们仍然用它来送出移动电话、电视和无线电信号。

如果我们在地球上使用无线电通信，也许智能的火星人也在互相传送无线电信号？在 20 世纪初，正在试验这项技术的先锋发明家注意到，他们的无线电设备中出现了无法解释的"静电"（噼里啪啦的噪声），他们想知道这是否来自智能的火星人。尽管没有任何证据，但当时的科学家对和外星生物聊天的想法非常兴奋。令人失望的是，这些静电被证明来自地球，而不是火星人。

随着无线电发射器和接收器变得越来越大、越来越花哨，科学家又开始搜寻火星通信。1924 年，美国设立了一天"无线电静默日"，所有地面的无线电广播每小时被关闭 5 分钟。嘘！我们在听外星人的声音！他们将巨大的射电圆面天线对准火星——此刻的火星正在 80 多年里离地球最近的地方——希望能偷听到火星人的交谈。遗憾的是，他们没有听到来自火星的任何消息。

现代搜寻外星人用的是射电望远镜，它通常是个硕大无比的金属圆盘，可以朝向任何方向。我们把这些搜寻外星人的项目叫作"地外文明探索"（SETI）。我曾和SETI团队一起工作，一同使用新南威尔士的帕克斯射电望远镜。把望远镜弄成船形，供外星人搜寻者使用是一件相当有意思的事！

世界各地的望远镜现在正扫描着离地球最近的100万颗恒星，寻找可能从系外行星泄露的射电信号。他们还希望找到直接传送到太空中的信号，比如与航天器舰队的通信，或者友好的外星人发出的希望得到答复的"你好"信号。

那我们发现了什么吗？

1977年，在俄亥俄州立大学射电天文台的一个例行观测之夜，在人马座方向探测到了一个超强的射电发射信号。这个信号比通常的背景噪声强30倍，而且只记录了72秒，然后望远镜就转向了另一个目标。

后来，当天文台的志愿者杰里·埃曼检查前一晚的数据打印结果时，才注意到了这个奇怪的信号。当他看到探测到的信号有多强时，他把它圈了起来，并在打印纸上写下了"Wow!"（哇！）此后，它就被叫作"哇！信号"。

世界各地的科学家争先恐后地再次察看那里，希望信号仍然存在，或者可能再次出现。尽管对那片区域进行了多年的搜寻，但它再也没有出现过。时至今日，我们仍然不清楚是什么原因导致了"哇！信号"

的出现。它是一个来自外星文明的信标吗？它是人马座太空舰队的"空中交通管制"塔吗？我们能做的只有继续寻找。

在"哇！信号"出现35周年之际，当时世界上最强大的无线电发射器，也就是阿雷西博射电望远镜，从地球向人马座发出了信息和视频，以防万一是外星生物发出了那个原始信号。麻烦的是，在几百年甚至几千年之内，都不太可能有人收到我们的消息。

射电信号就像光一样，会受到光速的约束。想要和1000光年之外的行星打电话或者视频聊天，就必须等2000年才能收到回复。

如果我们真的想用网络电话和我们的外星新朋友聊天，它们最好就在附近的某个地方。

外星人大使

太阳大约有 46 亿岁，未来至少还有 50 亿年的寿命。让我们想象一下，未来地球上的生命将远比现在先进得多。那是一个星际旅行成为可能的时代，来自不同行星的生物相邻而居。

这是两亿年后的未来。人类已经灭绝很久了。一个智能物种现在居住在地球上，让我们称它们为"帕永人"。帕永人已经会利用来自风、水和太阳的可再生资源。它们已经学会了与自然环境平衡相处，并将它们的活动范围拓展到了太空。这让它们得以发展成为超级智能生物。

很久以前，帕永人穿上了它们的航天服，开始探索太阳系。它们在每颗行星和卫星的轨道上建立了空间站。它们探索了陨击坑、山脉、火山和地下海洋，学习了大量关于太阳系如何形成的知识。但它们很快就意识到，这些星球上都不存在生命，在我们的太阳系里没人可以聊天。

帕永人锲而不舍，它们向附近的系外行星派出了一支机器人航天器舰队。它们利用人工智能驾驶航天器，探索这些陌生的星球。它们沿途从小行星和卫星上提取了少量矿物和金属，制造新的燃料，同时确保航天器的重量一直足够轻，能高速飞行。

帕永空间探测器把目光放在了年龄超过 50 亿岁的行星上。它们认为，这将增加它们遇到复杂智能生命的概率，因为生物将有更长时间来进化。它们发现，大多数岩质行星上都没有生命，它们不是太热就是太冷了，又或者它们的大气要么太厚，要么太薄。

终于，过了几百年，它们偶然发现了一颗岩质行星，那里生机勃勃，就像地球一样。经过成千上万年的搜寻，它们发现了一个智能文明，被称为布拉克族，它们和帕永人一样，学会了将自己送入太空，并让自己的身体适应新的环境。这个进行太空旅行的文明相当成功，因为它们生活在一颗非常小的岩质行星上，那里的引力很弱，很容易向太空发射。

一开始，与布拉克族的沟通困难重重。后来帕永人训练了它们的人工智能和外星生物打交道。它们向布拉克族展示了帕永社会和技术的逼真的全息图，由于布拉克族的眼睛几乎检测不到光线，这些内容都被翻译成了红外图像。

布拉克族的许多人一开始很害怕，并不信任这些帕永来客。如果帕永人径直前往布拉克，在没有通知的情况下着陆，它们可能会面临冲突，甚至暴力相对。但可以先派遣一架智能飞船让帕永人先打个招呼，在没有亲自到场的情况下，通过人工智能沟通它们的知识和个性。这有助于这两个物种在同意会面之前形成一种牢固的关系。

一旦沟通得以建立，一队帕永外交官便踏上了前往遥远行星布拉克的漫长旅程。在准备过程中，它们对自己进行了基因改造，从而适应目的地的大气和宇宙辐射水平。这样一来，它们抵达时几乎就能正常生活。外交进程一切顺利。

很快，一群群布拉克族人开始访问地球。它们有领导者或者大使的待遇，受到了热烈欢迎，并参观了地球。知识被自由分享，让两个物种都能开发出新的技术，每个人在太空中的生活和旅行都变得更安全、更舒适，也更可持续。

如今，很多布拉克族人和帕永人在两颗行星上共同生活。更多外星文明被发现，先遣部队穿越银河系的第四象限，和它们会面并进行思想的交流。在这些行星际的所有互动中，和平是必不可少的。两种文明的智能程度都能创造非常先进的可持续发展策略，它们并不会为了矿物和金属等资源而争斗不休。它们分享宇宙中几乎无限的资源，拥有自己所需的一切。现在，这听起来像是一种相当了不起的生活方式。

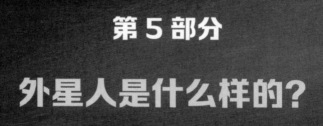

第 5 部分

外星人是什么样的？

外星人瞪着大眼睛吗？

地球上的生命太奇妙了。从鹦鹉到企鹅，从豹子到鸭嘴兽，共同生活在地球上的动物多种多样，令人惊叹。无论是在深埋在海洋之下的岩石中生活的细菌，还是沐浴在炽热的火山泉中的嗜极微生物，又或者是生存在南极狂风扫过的冰原上的地衣，每一种生物都进化出了在地球上生存的独特方式。

地球上的许多生物对我们来说相当陌生，比如墨西哥有一种诡异的两栖动物，叫作墨西哥钝口螈，或者是东南亚黏糊糊的绿纽虫。你可以查一查它们！虽然它们在我们眼中都很奇怪，却完全适应了它们所在的环境。地球上生物惊人的数量和种类告诉我们，另一颗行星上的生命很可能与我们熟悉的形式截然不同，而且同样多姿多彩。

生活在彗星、小行星和陨石上的生物可能是类似微生物的微型生物。由于无处可藏，任何较大的生物都会被来自太空连续不断的危险的粒子雨击倒。这些微型生物可能已经进化出了特殊的生物"辐射防护罩"，保护它们免受宇宙射线的影响，就好像自带魔法伞一样！

大质量的星球上的生命可能长着有结实骨骼的格外强壮的腿，可以对抗行星的强大引力。也有可能，它们压根儿没长骨头，就像蠕虫或蛞蝓一样。想象一下吧！

外星人可能比最强大的猛犸还要大，或者比最微小的微生物更小。它们可能像鹰一样在天上翱翔，或者像树一样扎根在地上。想象这样一个奇怪的星球：类似植物的智能外星人，通过吸食养分来制造工具，并用它们巧妙进化出的肢体"3D打印"出它们需要的材料。

也许外星人不像我们一样拥有由碳构成的身体，而是用硅和其他化学物质启动它们的生物引擎。在这种情况下，生物可能会在我们意想不到的地方茁壮成长，比如土卫六或者整个宇宙中的其他冰卫星上的甲烷河流、湖泊和海洋里。也许它们根本就没有一个固体的躯体。也许一些生物可能是一种液态或气态的形式。

关于外星人的电影总展示着它们瞪着一双大眼睛。它们在现实生活中长这样吗？

眼睛在地球生物身上司空见惯。但在一颗几乎没有光照的行星上，或者在一颗飞越深空的彗星或者小行星上，生物可能根本不需要长眼睛。来自黑暗星球的外星人可能依靠声音、气味、振动甚至是红外辐射来导航和交流。

外星人会怎么吃东西？我们人只要张开嘴，塞进一些美味的寿司（或任何你喜欢的东西），然后在胃和肠中消化这些食物。植物是通过它们的根从地下汲取养分来吃东西。许多植物利用它们自身特殊的太阳能板，也就是它们的叶子，从空气和阳光中获取能量。这个过程被称为光合作用。

真菌则通过向植物或动物注入消化酶，在体外将它们分解，然后再吸食其中的珍馐。太美味了！

微生物以各种各样的奇怪方式进食。一些细菌通过光合作用从太阳和空气中吞下能量，其他细菌则利用阳光吸收养分，并通过它们的细胞膜（就像细菌的皮肤）吸食。还有一些被称为吞噬细胞的微生物则是猎人，它们可以完全包裹住其他微生物，消化它们的猎物。

　　外星人能不能从星光中获得能量，或者通过皮肤吸收食物？它们很有可能这么做。它们会不会在体外消化食物，通过空气或者根部将它吸进去？虽然很奇怪，但这完全有可能。

　　也许它们会通过奇怪的方式获得能量，也许是我们地球上没有的方式？当然有可能，为什么不呢？外星人或许是从风、水、核能或者火山喷发等可再生资源中获得力量。

　　在生命的舞台上，一切皆有可能。

外星人智能吗？

我们人类自认为是地球上最智能的生物。这是因为我们能以复杂的方式思考我们周围的世界。我们会识别模式、学习、做计划并解决问题。我们甚至还会玩拼字游戏！

人类发展了数学和科学来了解有关这个世界的更多东西。我们创造了复杂的事物，比如音乐、美术、舞蹈、故事和游戏，来满足我们的灵魂。我们利用技术在世界各地交流，让人工作业更容易，还用来防治疾病，探索地球和外太空。我们甚至有了用来洗碗的机器！这一切听起来都相当智能。

但人类仍在学习。在让生活更轻松的竞赛中，我们很少考虑什么让我们的生活真正变得更好了。而且，正是由于我们的技术"智能"，我们如今正艰难地从污染的魔爪中拯救我们的自然环境。

外星人是不是在利用技术力量的同时并不会损害自身和环境？这将是一种先进智能的标志，而且这也许能确保它们活得足够长，让我们可以找到它们，或者让它们能找到我们。

你有没有想过，一个超级智能的外星物种会是什么样子的？

我想过这个问题，而且我想知道它们喜不喜欢音乐。任何已经发展出先进智能的物种，都需要复杂的交流方式。而音乐可能是其中一个有力的方式。在地球上，鸟鸣婉转，蛙声如鼓，我们载歌载舞。

但是如果外星人生活在一个几乎或者完全没有大气的地方呢？那里可能是一片寂静，因为声波需要一种流体，也就是像空气或者水那样流动的物质来传播。

　　不过，那没关系，因为有很多方法可以创作音乐。外星人可以用雷达交流，或者通过运动或舞蹈（像蜜蜂一样摇摆）沟通，或者捶击地面并用脚吸收振动进行交流。想象一下，一个外星合唱团敲打着地面大合唱的样子吧！

　　值得思考的是，最先进的外星物种可能根本就没有用那些我们探测得到的技术。但是，随着人类科学技术的进步，我们已经发现了前所未知的力，比如引力、磁力和电力，还有那些看不见的能量载体，比如 X 射线、无线电波、红外和紫外辐射。

　　由于宇宙还有很多东西有待了解，无疑也还有更多隐藏的科学瑰宝有待发掘。如果外星文明比我们的文明多发展了几千年，甚至几百万年，那么它们很可能掌握着我们无法想象的自然力量。对我们而言，它们的能力可能看起来就像超能力！

　　但外星人难道不会和我们一样好奇吗？好吧，有些人相信，好奇心是一种智能的标志。但你可能也听过那句老话，"好奇心害死猫"。

　　尽管历史上有些群体选择了一种探索和扩张的生活，但这种行为往往会带来斗争和冲突。而更多的人更看重人的健康，看重人与文化和土地的联系，还有洁净的水，以及生活在和平与稳定之中，这比其他任何事情都重要。

　　如果外星人真的很智能，并且它们的文化已经存在了足够长的时间，让我们偶然发现了它们的行星，那也许它们并没有在探索它们的行星系，或者向着太空发出电波，而是过着安静、和平且幸福的日子，根本不需要或者不希望被我们发现。

外星人能长生不老吗？

你想长生不老吗？

1800 年，人类平均只能活到 30 岁左右。这听上去可能很老了，但只要问问你身边的成年人他们多大了，你可能会吓一跳！

到现在，人类的平均寿命已经翻了一倍。如今，人类的平均寿命差不多是 73 岁。但世界各地的情况也不一样。在中非共和国，每个人平均只能活 53 年。而在日本，平均寿命则有 84 岁。有史以来最年长的人是一位名叫让娜·卡尔芒的法国女性，她活了 122 年！这绝对很老了。

地球上的一些生物可以比人类活得更久。很多种鱼，包括鲨鱼，都可以存活 200 多年。科学家已经发现了有 5000 多年历史的活树，它比埃及金字塔还要古老！你能想象这些树在它们的一生中都经历了什么样的事情吗？

有一种动物的"超长待机"超越了地球上其他所有生命。1986 年，科学家发现了一种深海海绵的骨骼，它活了 11 000 多年。不可思议！

2012 年，他们通过研究海绵骨骼中不同类型的氧（有些原子比其他的更重），计算出了骨骼的年龄。由此，他们估计了骨骼形成时的海洋温度，科学家知道历史上不同时期的海洋温度，就可以估算出海绵的年龄。

从日常用品到令人惊叹的复杂的健康发明，包括肥皂、疫苗和药物，都在帮助人类更长久地保持健康。既然我们比以往任何时候都要长寿，有朝一日我们会不会像那种深海海绵一样，活上 11 000 年？

近年来，我们已经学会利用科技改造我们的身体，包括人工心脏和起搏器，还有仿生的手臂和腿。想象一下未来我们还会开发出什么？

但要想单纯利用人工器官替换我们的器官而让人长生不老，还需要科学上取得巨大的进步。我们身体的许多不同部件都要更换。我们要通过不停手术来适应新部件。这是一种有趣的想法，但它不是没有问题的。它也引发了各种哲学和伦理问题。

除了使用机械身体部件来活得更久，我们还可以尝试改变我们的 DNA（我们细胞中内置的说明书）来延缓衰老的进程。这就是所谓的"基因工程"。科学家已经在患有衰老疾病的小白鼠身上实现了这一点。他们改变了小白鼠的 DNA，让它们更健康，寿命也延长了 25%。

如果我们开发出类似的技术，并将它用在人身上，那么我们就有可能活得更久。

但是，我们应该试着活更久吗？

如果人们都活到 200 岁，就有太多人了，我们可能就没有足够的空间、食物或者洁净的水可用了。这可能会带来更多战争和冲突，而污染和气候变化可能变得越发严重。因此，也许我们并不想成为一直活着的半机械人，而仅仅是过着一种和我们的星球、环境相平衡的生活，并更好地分享我们拥有的一切。

假设一个高度智能的外星物种已经学会了分享它

们的资源，懂得使用可再生的清洁能源，它们能不能研究出长生不老的方法？

也许它们可以，特别是如果它们不像我们一样生活在一副脆弱的躯壳里的话。

基因工程是一种可能的方式，让外星人适应不同星球和不断变化的环境，并且有可能在不同星球之间的长期旅行中活下来。虽然我们还没有技术让我们的身体适应快速的变化，但一个更先进的物种可能已经找到了一种方法编辑它们的DNA，以各种方式改造它们的身体，这并非不可能之事。

一个相当先进的物种可能也会选择以数字的形式生活。这意味着，它们的大脑，也就是它们的所有思想、性格和情感，都可以保存在一台计算机中。这些信息可以（以光速）传送到不同行星、卫星或者恒星系。外星人甚至能选择将它们自己上传到不同地方的人造躯体里，比如机器人。想象一下，如果以数字的形式活着，将你的大脑传输到遥远的星球，你可以去任何地方，体验任何事情！

外星人还可以更进一步，把它们所有的个性都上传到计算机，创造一个"人工智能"版本的物种。这个物种的计算机版本可以通过这种方式离开它们的星球，在宇宙中穿行，探索新的行星。它可以在它们的行星被小行星摧毁后存活下来，比任何一个个体都要长寿，并在宇宙中旅行。它需要的只是一个能量源来维持航天器和它的计算机运转。但如果它坏了……

你想遇到一个以一台计算机形式存在的外星智能生命吗？想想你们可以一同探索的那些精彩的世界。

外星人有宠物朋友吗？

你养过宠物吗？如果你选对了，它们能做你最好的朋友。它们给你爱和关注，从来不会对你吝啬，它们不会问你做没做作业，也不会问你有没有整理房间。

我特别喜欢狗。它们充满了爱，忠诚并且值得信赖。它们会不惜一切代价和你玩球，和你一起窝在沙发上。猫也很棒！它们优雅、爱干净，也很友好，当你轻轻抚摸它们时，它们就会在你腿上快乐地打呼噜。兔子呢？好吧，它们就是傻傻惹人爱。

宠物出现在人类的生活中已经有很长一段时间了。大约2万年前，狼最早被篝火上烹饪的美食的气味吸引过来。狼开始被驯化成最勇敢也最友好的狗，它狼吞虎咽地吃下那些食物残渣，晚上也会留下来守卫营地。最终，狗变得足够温顺，时不时就被拍拍脑袋、揉揉肚子。所有人都对这种关系很满意。

猫至少在8000年前就被驯化了。它们在古代是很受欢迎的宠物，有些猫甚至在金字塔里与埃及统治者一同变成了木乃伊。它们格外有用，因为它们可以抓住那些正大吃特吃宝贵的冬季储粮的老鼠。但如今，宠物猫更有可能趴在窗台上晒太阳，或者蜷缩在床上睡大觉。

在野外，各种动物和鸟类物种经常被发现交上了朋友。

在非洲平原上，你会发现鸵鸟和斑马结伴而行。鸵鸟的视力很好，还长着长长的脖子，斑马则有绝佳的听觉和嗅觉。当狮子在附近徘徊时，结伴而行可以帮助这对奇特的伙伴感知危险。我很好奇平安无虞时它们会聊些什么。

牛背鹭是一种白色的大型鸟类，生活在比较温暖的地方，经常可以看到它们栖息在牛背上。不过，它们不是在兜风，其实是在搜寻虫子，包括那些恼人的虱子和跳蚤。牛背鹭会把它们从牛的耳朵和身上摘下来。牛背鹭轻松饱餐了一顿，而牛似乎并不介意载它们的伙伴一程，以换得一身洁净！

鳄鱼和一种叫作埃及鸻的勇敢小鸟有着令人难以置信的友谊。当这种牙齿尖尖的巨兽张着大嘴晒太阳时，这种小鸟会飞奔而来，从鳄鱼的大牙缝中挑出所有肉类美味。这对小鸟来说是一顿大餐，对鳄鱼而言则是一次免费清洁和剔牙。

在动物保护区和救援中心，还有许多动物（包括猴子、猿、狗、鸭子、山羊、大象和鹿）都和其他物种建立了密切的友谊。它们有时甚至开始像对方一样行事。你看过获救的小犀牛宝宝和它的小羊羔朋友嬉戏和跳跃的视频吗？你一定得看看，简直太可爱了。

那么，如果外星人存在，它们有宠物朋友吗？我想不到有什么不养的理由。

如果我们找到了足够多存在生命的行星，最终可能会发现一种类似翼指龙的生物，骑在一只像剑龙一样的庞然大物的背上，挑走跳蚤。也许还有一个这样的星球，上面生活着6条腿的智能昆虫，遛着它们的宠物蜘蛛，或者有海豚一样的生物和它们长得像章鱼的朋友一起玩桌游。也许来自米里星的巨型胶状生物，和体型更小的斑纹熊蜂交了朋友，在秋天用那些从摇摇晃晃的巨树上飘落的花瓣一起玩着"捡花"游戏。

超级智能的外星物种会养什么生物做宠物呢？它们是真的动物，还是像电脑游戏人物一样的人工智能化身？一切皆有可能。

最后，外星人会不会带着它们的宠物一起完成长距离的太空任务？如果第一位登陆地球的外星人在穿着航天服的"拉布拉博格"（半狗半机器人）的陪伴下走下了飞船的台阶，那不是太棒了吗？在我看来，任何聪明到能在航天器上配备狗厕所的物种，都应该带着它们最好的朋友一起去兜兜风。

终有一天我们会相遇

在这趟令人难以置信的旅程中，我们见到了地球上的许多生物，从恐龙到 11 000 多岁的深海海绵。我们向各种强大的微生物打了招呼，它们在海沟深处生活，在炽热的火山泉中翻滚，在云层中飘浮，在南极的岩石上瑟瑟发抖，还穿上航天服向月球奔去（好吧，只有缓步动物这么做了）。

在我们的太阳系之外已经发现了数以千计的行星，有些是炽热的熔融行星，还有的是冰冻的气态行星。未来我们还会发现更多行星，有些可能和地球很相似。但我们（还）没有在那些地方发现地外生命。

我们的收音机里没有莫尔斯电码的敲击声，我们没有收到比邻星 b 上的生命打来的满是杂音的视频电话，绝对没有飞碟降落在我们领导者的草坪上，送来衣冠楚楚的佐格星大使。

为什么我们还没有找到任何外星伙伴？

最有可能的原因是，太空太太太太大了。如果外星人存在的话，我们只是还没找到它们。相邻的行星系之间都有几光年的距离，任何从外星人那里发出的信号都会被浩瀚的太空冲淡，或者可能被错过了。

我们没发现其他任何生命的另一个原因可能是，我们搜索的时间其实并不长。自我们发明射电望远镜以来只有90年。外星人可能已经试图呼叫我们很久了，可能是 400 年或者 40 亿年。但是，除非它们的射电信号在过去的 90 年间到达了这里，否则我们根本没有设备来接收信息。

也许外星飞船在过去曾经访问过地球，但我们错过了它们。一台外星太空探测器可能在 10 亿年前飞掠地球，扫描我们的行星，寻找智能生命的迹象。它们会发现什么？微生物。它们会把我们这颗行星从它们的名单上划掉，然后返回黑漆漆的太空中。

但希望并没有消失。我们在寻找外星笔友的方面正做得越来越好。

未来的航天器，比如詹姆斯·韦布空间望远镜（在 2021 年发射后围绕着太阳运行），将在成千上万个附近星球的大气中寻找生物生命的迹象。当一颗遥远的系外行星从它的恒星前面经过时，科学家能测量星光穿过行星大气时的化学特征。如果存在像（由光合作用产生的）氧气或者（由细菌等东西产生，也会在牛屁中释放的）甲烷这样的化学物质，那么就可以寻找其他的生命证据，包括植被、射电通信，甚至是外星人的太阳能电池板反射的星光！

下一代射电望远镜，比如平方千米阵[1]，将扫描天空，寻找来自宇宙的外星人信息。它将扫描数千颗邻近的行星，寻找类似地球的射电通信，还会扫描数十亿颗遥远的行星，探寻来自高级生命的明亮的射电信标。我们的超级计算机每秒钟将处理海量来自这些望远镜的数据，从而自动地搜索数以百万计的恒星和星系，寻找地外生命的迹象。

搜寻地外生命对我们来说重要吗？

---

1 建于澳大利亚和南非的巨型射电望远镜阵。

108

重要！但这不仅仅是为了找到新朋友。寻找"外面"的生命，有助于我们更深入地了解这里，也就是地球上的生命。它可能会带来更多问题，但好奇宇宙中的生命是如何诞生的，是所有人类文化的基本组成部分。如果科学和技术能帮助我们一直留心观察（还有倾听）宇宙的喋喋不休，我们就有必要努力联系我们那些宇宙邻居。

　　并且随着我们进一步了解其他星球，我们更加认清了地球是多么罕见而珍贵。我们必须维持这里精妙的平衡，为了这颗美好的蓝色星球——地球上不计其数的微生物、熊蜂、墨西哥钝口螈、狗、猫，还有你爱的每一个人。

更多探索

不只专业的科学家可以搜寻外星世界，你也可以！你需要的只是一台计算机，并连接上互联网。

天文学家借助巨型望远镜来研究遥远的恒星，寻找线索确认有没有可能存在一群行星围绕着恒星公转。我们搜寻行星的一种方法是测量恒星有多亮，并等待着可以表明有行星从它前面经过的那种光线变化。这就像一次小型日食。

另一种搜寻其他恒星周围的行星的方法是寻找一颗恒星位置上的"晃动"，这种晃动是行星在轨道上移动时的引力造成的。

我们可以让计算机学会扫描恒星的光输出，寻找亮度上出现的微小下降，或者寻找恒星的晃动。但事实证明，人脑往往比计算机更擅长做这些事情！

这就是为什么我们不能单单依赖计算机。我们还需要你的帮助。现代望远镜研究的是数以百万计的恒星和星系，天文学家不可能自己看完所有图像。我们需要一群帮手，也叫公民科学家，撸起袖子开始工作。

想在银河系中找到你自己的行星吗？

从今天开始吧！

致　谢

　　我真诚地感谢编辑和创意团队，萨利·希思、萨姆·帕弗里曼、丽贝卡·林、菲尔·坎贝尔和特雷西·格里姆伍德，他们帮助我创作了这本书，我会骄傲地看到世界各地年轻的太空探险家们捧着这本书。

　　我还要感谢埃里卡·巴罗博士，她给予我天体生物学相关知识的帮助，让我更深入理解了有关地球生命出现的几个关键问题。

作者简介

丽莎·哈维·史密斯是一位奖项傍身的天体物理学家，她是新南威尔士大学教授。丽莎的研究兴趣是恒星和超大质量黑洞的诞生和死亡，她还在澳大利亚航空局的顾问团队任职。她曾参与开发平方千米阵，也就是横跨大陆的下一代射电望远镜，这台望远镜将调查数十亿年的宇宙历史。

丽莎有一种天赋能把复杂的科学解释得简单而有趣，她是受欢迎的电视节目《观星指南》的主持人，也是英国广播公司《仰望星空》和《无限猴笼》的嘉宾，她还是经常做客电视和广播的科学评论员。

丽莎写过3本科普书，分别是《当星系碰撞》、儿童书《星星下》和畅销儿童科普书《好懂的天体物理学》。她带着自编的《当星系碰撞》在各地的剧院演出，并和阿波罗任务的航天员巴兹·奥尔德林、查理·杜克和吉恩·塞尔南一同出现。

作为澳大利亚STEM女性大使，丽莎致力于提高澳大利亚女性对科学、技术、工程和数学研究以及职业的参与程度。在业余时间，丽莎会参加超级马拉松比赛，包括多日赛、12小时赛和24小时赛。她曾经跑过250千米，穿越了澳大利亚辛普森沙漠。